徐开蒙　李凯夫　罗　蓓　著

壳聚糖生物
改性木塑复合材料

Chitosan Bio-Modified Wood-Plastic Composite Material

化学工业出版社
·北京·

内容简介

木塑复合材料是近年来兴起并迅速发展的绿色环保新材料之一。本书从木塑复合材料使用过程中所暴露出的生物耐久和界面结合不足等热点问题出发，介绍了国内外木塑复合材料生物耐久性和聚氯乙烯基木塑复合材料界面结合改性的最新研究动态，重点阐述了壳聚糖生物改性木塑复合材料工艺技术与抗菌性、界面结合增强机理、热解动力学与流变行为、纳米粒子插层与表面接枝影响以及木粉种类对木塑复合材料天然生物耐久性的影响。

本书可供从事木塑复合材料、林业工程、木材加工及相关领域的科技人员使用，也可供高等院校和科研院所的相关教师、研究人员和学生参考。

图书在版编目（CIP）数据

壳聚糖生物改性木塑复合材料/徐开蒙，李凯夫，罗蓓著．—北京：化学工业出版社，2021.5（2022.9 重印）

ISBN 978-7-122-38771-4

Ⅰ.①壳…　Ⅱ.①徐…②李…③罗…　Ⅲ.①甲壳质-聚糖-改性-木质素塑料-复合材料　Ⅳ.①TQ321.5

中国版本图书馆 CIP 数据核字（2021）第 051789 号

责任编辑：赵卫娟　　装帧设计：史利平

责任校对：宋　夏

出版发行：化学工业出版社（北京市东城区青年湖南街 13 号　邮政编码 100011）

印　　装：北京虎彩文化传播有限公司

710mm×1000mm　1/16　印张 10¼　字数 200 千字　2022 年 9 月北京第 1 版第 3 次印刷

购书咨询：010-64518888　　售后服务：010-64518899

网　　址：http://www.cip.com.cn

凡购买本书，如有缺损质量问题，本社销售中心负责调换。

定　　价：88.00 元

前言

木塑复合材料是以生物质颗粒或纤维为主要组分，经过预处理使之与热塑性树脂结合而成的一种新型环保材料。“似木非木、似塑非塑”的木塑复合材料兼有生物质原料的来源广泛、成本低廉、可再生及可生物降解和高分子材料的质轻、比强度高、加工性和化学稳定性好等双重优点。近年来被大规模推广应用于市政园林景观（户外铺板、桌椅、廊架、围栏、凉亭、花箱）、包装物流（托盘、包装箱）、车辆船舶（汽车船舶等内装饰材料、隔热材料）、室内外装饰及建筑（吊顶、墙板、地板、门窗、厨卫家具）和其他日常生活用品（一次性餐具、酒店牙刷）等。木塑复合材料的性能升级和应用领域拓展已成为国内外关注的热点。

界面结合性是木塑复合材料研究中备受关注的核心问题之一，聚氯乙烯树脂（PVC）中氯原子具有接受电子潜质，使得 PVC 分子链表现出潜在 Lewis 酸特性。传统界面结合改性方法中并未考虑到 Lewis 酸碱结合的潜在作用。壳聚糖是自然界唯一天然碱性多糖，其分子中氮原子上含有的未共用电子使其具有潜在 Lewis 碱特性。天然木粉多呈酸性，且木粉三大素中的羟基和壳聚糖中的氨基具有氢键结合潜力。另一方面，在木塑复合材料发展初期，人们大多认为将高分子材料基质与生物质颗粒或纤维复合后，由于高分子基质自身对生物因子（如真菌、白蚁、藻类等）的高度抗性，可使木塑复合材料具备良好的天然生物耐久性。然而，随着木塑复合材料产业的快速发展及其制品在各个领域的广泛使用，发现实际效果并非如此。

本书以作者多年研究成果为基础，参阅大量国内外相关文献，将 Lewis 酸碱理论与绿色生物改性思路相结合，以天然 Lewis 碱性壳聚糖、 Lewis 酸性 PVC 和酸性木粉通过 Lewis 酸碱结合增强界面理论为基础，开展了壳聚糖生物改性 PVC 基木塑复合材料研究，重点阐述了壳聚糖生物改性 PVC 基木塑复合材料工艺技术与抗菌性、界面结合增强机理、热解动力学与流变行为、纳米粒子插层与表面接枝影响等。同时，为进一步了解木塑复合材料的天然生物耐久性，本书中也系统地评估了不同树种木粉在未加任何化学添加剂的情况下制备的 PVC 基高填充木塑复合材料的天然防霉、耐腐、抗藻和抗白蚁等生物耐久性差异，深入对比分析了木粉抽提物含量与化学组分对木塑复合材料生物耐久性影响的内在原因。

本书所列内容的研究过程中，得到了国家自然科学基金（32060381）、云南省应用基础研究面上和青年项目（2019FB067 和 2015FD024）、云南省万人计划青年拔尖人才专项（2020）、云南省科协青年托举工程人才资助项目（20180005）、广东省农业攻关项目（2011B020310002）和广东省林业科技创新项目（2011KJCX015-01）等的资助，同时得到了广东省微生物研究所省部共建华南应用微生物国家重点实验室、广东省菌种保藏与应用国家重点实验室和广东省微生物应用新技术公共实验室在分析测试方面的大力支持，在此一并致谢！

由于书中内容涉及多学科交叉，相关研究领域的新成果和新应用层出不穷，加之笔者学识功底有限且时间仓促，书中疏漏之处在所难免，敬请有关专家和广大读者批评指正。

徐开蒙

2021 年 4 月于昆明

目录

第 6 章 壳聚糖生物改性 PVC 基木塑复合材料热解动力学及流变行为 117

第 7 章 纳米粒子插层-表面接枝对生物改性 PVC 基木塑复合材料界面结合影响 139

第1章

绪　论

1.1 木塑复合材料发展与问题暴露

材料是人类赖以生存和发展的物质基础，材料工业是国民经济的基础产业，伴随人类社会和历史发展的整个过程。“钢铁、水泥、木材、塑料”被称为当今世界的四大基础性材料，随着科技和经济的飞速发展，材料的性能和种类也不断更新变化，当前人类已从传统原材料的直接选用和初级加工进入到高新技术复合材料开拓创新的时代。近些年来，一种全新的、顺应时代而生的低碳环保可循环复合材料——木塑复合材料受到人们的广泛关注。木塑复合材料（wood plastic composites，WPC）具有资源丰富、价格低廉、质轻、比强度高、耗能少、易加工等特性，同时具有可生物降解性，是以具有再生性的生物质纤维材料（如木材、竹材、稻秆、秸秆、麦秆、麻秆等）作为增强体或填充材料，以热塑性树脂（主要为PE、PP、PVC、PS等）作为高分子基体物质，经过一定的预处理和辅料的添加，通过模压、挤出、注塑等几种主要加工方式熔融混炼复合而成的。其兼具木材和塑料的“双重”特性，既具有木材的高强度、高弹性和优良的天然木质感，又具有高分子树脂基体的高韧性、耐疲劳等优点，因此具有优良的综合性能，即力学性能良好，热伸缩性和尺寸稳定性佳、耐化学腐蚀、不易被虫蛀、难燃，有“合成木材”“生态木”等美名。此外，因其综合性能突出，经济效益显著，符合资源节约综合高效利用和发展循环经济要求，近年来已成为世界各国竞相发展的新材料之一。

20世纪90年代以来，由于世界各国对环境保护政策的加强以及对可再生资源、可降解材料使用的重视，木塑复合材料的发展也越来越受到重视，北美、欧洲、亚洲的许多国家对木塑复合材料已进行了大量的研究，且工业化生产发展十分迅猛，这使得该材料从先前的新兴“朝阳产业”逐渐过渡发展并转向成熟。2002年，在整个北美和欧洲市场上，木塑复合材料的生产总量59万吨，占整个植物纤维/热塑性树脂复合材料的87%。此外，从2001年到2010年，木塑复合材料每年保持14%～19%的增长率，2010年，木塑复合材料在欧洲市场达到27万吨，在北美市场达到170万吨，远远高于同期塑料工业的总体增长率。据相关统计与估计，植物纤维/热塑性树脂复合材料的市场份额将从2010年的12%增长到2020年的18%和2030年的25%。近年来，我国对木塑复合材料的研究也日益增多，生产和应用也得到了迅速发展，呈现出一片“欣欣向荣”的态势。木塑复合材料从“十二五”开始进入到一个快速发展的时期，企业和产量的年平均增长率均超过30%，年总产量已超过美国，排名世界第一。2011年，我国的木塑复合材料产量超过70万吨，年均增长率超过20%，2013年，木塑复合材料产业的年增长率达22%。在“十三五”发展规划中，国家发展改革委员会又将木塑复合材料的研究开发列入国家重点攻关项目之一，也将木塑复合材料认定为“高技术产业化示范项目”，列入《节能环保产业发展规划》环保产品目录中。木塑复合材料制品也已被陆续应用于北京奥运会、上海世博会及广州亚运会等大型场馆建设中，起到了产品性能检验和示范推广的作用。截至2019年1月初，我国木塑复合材料生产企业近600余家，户外木塑复合材料生产厂家约220家，产能约200万吨/年，室内木塑复合材料生产厂家约400家，产能约420万吨/年。现阶段，木塑复合材料年均总产能已超过600万吨，其产销总量、消费总量和出口量均居世界第一。

在木塑复合材料发展和应用的初期，研究者们曾经普遍认为这种通过将不易降解的热塑性树脂与木质纤维组分按一定比例混合，利用树脂基体包埋木质纤维的复合材料可以完全阻止真菌、霉菌的攻击。木塑复合材料制造企业也将防霉、耐腐、抗藻、防白蚁等性能作为其产品的一大卖点，大力加以宣传，致使人们一度认为木塑复合材料制品不会出现发霉、腐朽、藻类危害和白蚁蛀蚀等问题。然而，随着对木塑复合材料的进一步研究、产业的快速发展及其制品在各个领域的广泛使用，先前的思想被相关研究和发现所质疑，研究人员发现木塑复合材料的真菌耐久性并不像预期的那么好，由于长时间暴露在紫外光、氧气、水分下，以及热塑性树脂中的许多化学添加剂（如热稳定剂、增塑剂、润滑剂及改性剂等）的存在，很多霉菌和腐朽真菌都会对木塑复合材料产生侵害，甚至使其降解。霉菌的滋长会使木塑复合材料表面产生肉眼可见的斑点，不仅影响美观，而且随着侵蚀时间的延长而遍及材料的各个部分，使材料质量减轻，性能和寿命大大下降，严重的甚至影响该产品的市场竞争力。关于白蚁对木塑复合材料的危害，一方面会导致材料从表层至内部出现深浅不一的孔洞，严重影响材料的完整性和美观；另一方面，白蚁的蛀蚀会导致材料的质量损失，而质量损失往往会带来材料力学性能的下降，严重时甚至导致材料使用寿命的缩短，给材料的实际应用带来严重的安全隐患。此外，由于白蚁的危害常常具有隐蔽性、广泛性和严重性的特点，当材料在使用过程中受到白蚁危害时，往往表面形似完好，但实际内里却已千疮百孔，一旦被发现，损失已是相当严重，所谓的“千里之堤溃于蚁穴”即是如此。

在木塑复合材料制造工艺技术不断优化，性能（特别是表面装饰技术）不断升级及其产业化规模进一步扩大的今天，它的应用范围已经由原来主要的建筑施工模板、托盘、包装箱、管材、户外景观、铺板、栏杆等逐步扩展到室内家具、装饰、门窗、地板、汽车内饰、电器外壳、运动器材、包装等众多领域。同时，木塑复合材料在全世界以惊人的速度发展，其多样化的制品和越来越广泛的使用必将成为今后人们日常生活中必不可少的一部分。另一方面，随着社会经济的快速发展和人类生活水平的日益提高，人们进入以健康环保为主体的消费时代，人们的自身健康、生存环境和生活质量成为衡量国民经济发展优劣的重要指标，人们对材料及其加工制品的要求也在不断提升，目光会更加聚焦于“生态、环保、卫生、健康”等能促进人体身心健康、改善生活和工作环境的新型环保功能性材料上。因此，开发高性能并具备某种特殊功能的木塑复合材料将成为未来发展的主要趋势。在保持木塑复合材料原有的强度、耐久性和独特的装饰性等优点的前提下，不断改善木塑复合材料的界面结合能力以进一步提升其力学性能并赋予木塑复合材料一种或多种全新的功能，如杀菌抑菌、防霉防腐、抗污、抗静电、防火阻燃等，无疑可进一步拓展木塑复合材料的使用范围（如医院设施、公共卫生器具、室内家具及装饰、儿童家具、卫浴家具、公共场所设施及日常生活用品等）。在此基础上深入研究其复合工艺的优化、功能性的提升与评价、效用改善、作用机制等都具有十分重要的理论指导意义和学术价值，也是获得功能性高附加值木塑复合材料产品，创造良好经济效益、社会效益和今后逐渐满足高端市场需求的有效途径，具有极其重要的现实意义。

聚氯乙烯（PVC）作为世界五大通用塑料之一，因其具有难燃、耐磨、机械强度高、抗腐蚀、电绝缘能力强等优点一直备受重视。对于 PVC 基木塑复合材料来说，由于其独特的装饰效果，较佳的涂饰能力、易发泡特性及继承 PVC 自身的天然阻燃性能等优势，其应用的增长速度超过了 PE 基和 PP 基木塑复合材料。从供需现状和消费结构看，目前 PVC 基木塑复合材料的需求仍呈增长趋势，而我国对木塑复合材料的研究起步较晚并且大多数研究者更多地集中在 PE 基和 PP 基木塑复合材料，对 PVC 基木塑复合材料的研究相对较少。

从目前掌握的国内外资料来看，较为系统而全面地研究壳聚糖在木塑复合材料中的天然偶联功能和抗菌功能尚属空白，对天然防霉、抗白蚁的木塑复合材料的研究报道也较少。

1.2 PVC 基木塑复合材料界面结合改性研究现状

与许多种类的复合材料一样，PVC 基木塑复合材料的界面结合问题一直以来也备受研究者关注。由于 PVC 分子链中本身所带的氯原子具有一定的极性，同时也破坏了整个长链分子的规整性，在界面改性方面与聚烯烃基（PE、PP）木塑复合材料的方法不完全相同，故要想使得该材料在现今广泛的应用范围下保持长时间优异的力学性能，需有针对性地进行其界面改性的专门研究。在复合材料领域已提出的众多界面理论中，如化学键理论、浸润性理论、过渡层理论、机械互锁理论、摩擦理论、扩散理论、静电理论、酸碱理论等，较适合用于解释 PVC 基木塑复合材料界面结合情况的理论主要有机械互锁理论、浸润性理论和化学键理论。除此之外，由于 PVC 分子链的特殊性及木质纤维多呈酸性的情况，研究者们也将 Lewis 酸碱结合理论的影响考虑其中。大体来说，PVC 基木塑复合材料的界面改性除了考虑主要靠表面张力良好的力学接触和链缠结，以及界面改性剂的物理或化学的协同作用来实现外，还需要考虑改善 PVC 树脂与木质纤维之间的酸碱作用。

直到目前为止，PVC 基木质纤维复合材料界面改性的方法根据不同的界面结合理论大致可分为机械互锁理论型改性方法、浸润理论型改性方法、化学键理论型改性方法及 Lewis 酸碱理论型改性方法四种，这几种理论改性方法既相互独立又密不可分，下面将逐一叙述。

（1）机械互锁理论型改性方法

机械互锁理论是界面结合理论中最基础和传统的理论，该理论强调界面两相物体表面在一定的粗糙度和适宜的形状下能够起到增加比表面积和两相物质互相浸入的作用，形成机械式啮合、锚固和互锁作用。目前已报道的部分物理化学改性方法中的核心思想涉及该理论的应用，如蒸汽爆破法、微波处理法、碱处理法和放电处理法等。

蒸汽爆破法采用高温高压水蒸气处理木质纤维原料，蒸汽压力的骤变可使木质纤维细胞壁的组分分离和结构变化，并在半纤维素和木质素间隙产生一些酸性物质以降解和软化部分半纤维素、木质素及低分子物质，使纤维素含量比例相应增加。同时，由于爆破时纤维素大分子链的部分断裂，改变了纤维素内部的结晶结构及氢键结合，提高了纤维素的机械互锁及吸附能力，也提高了木质纤维强度和比表面积。但该方法设备限制较多，并且不同木质纤维细胞壁中含有的纤维素、半纤维素和木质素及少量内含物各成分和含量比例不一，难以精确控制处理时的工艺参数以确保纤维含量和尺寸的均匀性，生产效率低，是处理难度最大的一种，无法大规模应用，现今主要被用于生物质燃料等领域的前期处理。

微波处理法是将木质纤维置于微波电磁场中，在频繁交变的电磁场作用下，使得木质纤维中的表面自由基浓度及表面自由能发生变化而产生一定的改性效果，其特征包括空间性、瞬时性、均一性及选择性。此法单独处理的效果不明显，常和其他物理或化学方法配合起来使用，如可将木质纤维放入去离子水中浸渍处理，使得部分水分进入木粉微观间隙中，当微波处理时产生一定的“爆破”，导致纤维的纤维素无定形区和结晶区的部分破坏，粗糙度增加，从而增加了界面互锁的概率和强度。

碱浸泡处理能一定程度除去纤维表面存在的半纤维素、木质素、果胶、单宁和杂质小分子等，使纤维空腔化和原纤化，增大纤维表面粗糙度和比表面积，同时也可提升纤维在后续与树脂混合过程中的分散性，使得改性后的木质纤维与PVC树脂基体之间形成更多啮合点的互锁结构，是最能反映出机械互锁原理的一种化学方法，常见的碱处理试剂如氢氧化钠及硅酸钠等。需要注意的是，通常在使用此法时，碱液的浓度对处理效果的影响极为明显，一般应以稀碱液处理为佳，同时不同浓度的碱液处理后增强力学性能指标的最大程度也各异。王慧、盛奎川等采用不同浓度的硅酸钠碱液对毛竹颗粒进行处理，结果发现，被碱液处理的毛竹颗粒可以有效改善复合材料的界面结合性能和吸水性能，经浓度分别为2%和5%的硅酸钠碱液处理后，对应的材料的弯曲强度、拉伸强度和弯曲模量分别达到各自的最大值，但当碱液浓度大于5%时，三项力学性能指标均下降。Saini采用碱液浸泡后的甘蔗渣制备PVC基复合材料，并分析材料的热稳定性、力学性能和断面微观形貌，以此证明其对结合性能提升的效果，结果表明：与未处理的样品对比，复合材料的热稳定性、拉伸模量和抗冲击强度分别提升了10%、48%和14%，同时SEM观察也显示，甘蔗渣表面粗糙度增加且在基体中的分散性较好。碱处理法虽然对界面的结合能产生一定的改善效果，但作为一种传统的化学处理方法，其处理后的废弃碱液极易污染环境，因此，碱处理法通常情况下是辅助其他改性方法实施的。

此外，高速粒子撞击材料表面，使得被处理表面的粗糙度增加以增强界面间结合性能的离子溅射法也反映出机械互锁的重要原理，与上述提到的蒸汽爆破法类似，此法设备昂贵，操作复杂，处理时间较长，现今也被限制于实验室使用，对于PVC基木塑复合材料界面改性的具体应用的相关研究尚无报道，有待进一步探究。

(2) 浸润理论型改性方法

浸润性理论最早于1963年由Zisman提出，该理论指出可靠的界面结合的核心是形成界面的两组分间能实现润湿吸附，有相似的表面极性和表面自由能，能实现"相似相容"。下述的常规热处理、酰基化处理、相容剂处理、接枝改性处理与该理论的核心思想较为吻合。

常规热处理是最简单、传统的改善木质纤维原料浸润性的方法。此法可以有效地去除木质纤维中的自由水和部分结合水，使纤维表面羟基含量减少，一定程度改善木质纤维亲水性，增强了聚合物的界面结合能力，同时也能防止复合材料熔融加工过程中因水分蒸发产生孔洞而降低界面结合能力。此法处理工艺简便易行，属于木塑复合材料加工中的必备工序之一，仅需留意的是处理时所设定的温度要适当，温度过低，没有明显的效果，温度过高会导致部分半纤维素和木质素热降解，降低细胞壁结构的稳定性和力学性能，甚至可能破坏细胞壁结构，从而对界面结合起反作用。

采用酰基化试剂对木质原料进行酰化处理，可使木质纤维表面的部分羟基与酰基化试剂反应生成酯类化合物，符合该理论的原理。由于低极性的酯基对强极性的羟基进行取代，使得部分缔合的氢键被破坏，也降低了木质纤维的表面极性，提高了木质纤维的分散性及木质纤维和塑料基体之间的界面相容性。该方法现阶段相对较多的报道集中在PE基木塑复合材料的界面改性中，而对于PVC基木塑复合材料的报道尚少，但由于各自的基本原理类似，可直接应用。

相容剂或表面活性剂的界面增强原理与上述解释类似。通过直接添加含有大分子链的相容剂及表面活性剂，木粉和PVC树脂基体间的表面极性和表面自由能差异降低，同时由于相容剂自身大分子链的相互缠绕，在体系塑性变形时也有利于形成对冲击能的吸收、传递和分散的过渡层，从而增强界面的结合能力及材料的稳定性。不同的研究者分别添加甲基丙烯酸缩水甘油酯（GMA）相容剂、马来酸酐（MAH）相容剂及聚乙二醇（PEG）表面活性剂改性海南椰壳粉、杂木粉和甘蔗渣纤维/PVC复合体系的界面相容性，均取得理想的效果，同时也发现，相容剂的添加在增强了界面结合的同时也提升了复合材料的耐老化性能。

表面接枝改性处理通常采用先与木质纤维进行接枝改性，再与PVC树脂进行复合的两步法实施，常用的接枝单体有马来酸酐（MAH）、甲基丙烯酸甲酯（MMA）、丙烯酸丁酯（BMA）、丙烯酸（AA）等。此法受不同接枝单体种类和在同一单体下的不同引发剂种类、引发剂浓度、引发时间和温度的影响较大，想要获得较为理想的接枝率，处理工艺相对复杂，不容易精确和理想地控制各项参数，故在实际生产中也未大规模使用。不同研究者先后探究了丙烯酸丁酯、丙烯酸甲酯、有机氰乙基对不同木质纤维的接枝改性处理，并取得一定的效果。王剑峰选用硝酸铈铵为引发剂引发丙烯酸丁酯接枝木粉，接枝后木粉表面与PVC相容性大大提升，其制备的复合材料拉伸强度提高了7.9%，抗冲击强度提高了107.5%。韩志超等用丙烯酸甲酯接枝亚麻纤维并探究接枝率的影响后发现，随接枝率增加，亚麻纤维与PVC树脂的相容性提高，同时起到增韧增强作用。廖兵等在木质纤维表面接枝上有机氰乙基改性后，分析此法对PVC/木质纤维复合材料力学性能的影响，结果表明，木质纤维上的—OH基团被较好地接枝上有机基团—CH_2—CH_2—CN，提高了木质纤维与PVC两者界面黏着力，同时也使木质纤维在复合材料中更易分散，提高了复合材料的拉伸强度和抗冲击强度。

（3）化学键理论型改性方法

化学键理论型改性方法认为要实现界面间的高效结合，所形成界面的两相组分应含有能相互间发生化学反应，形成化学键的活性官能团。配合着该理论产生的偶联剂处理，主要是通过一定的化学反应在木质纤维/热塑性树脂之间建立“桥”接状的化学交联，将木质纤维和PVC树脂基体由原先的完全不会产生任何化学键合通过偶联剂的媒介作用转化为能够在界面形成化学键。该理论型改性方法由于改性效果优异，成为目前PVC基木塑复合材料研究领域最热门、报道最多的化学改性方法。现今已报道使用的偶联剂有硅烷偶联剂、钛酸酯偶联剂、铝酸酯偶联剂、铝钛复合偶联剂、异氰酸酯类偶联剂等。

不同的偶联剂对木粉/PVC间界面的改性作用效果大体一致，从微观上来看，偶联剂改性后，能减少木粉和PVC界面间的空隙且缓解分离相结构；从宏观上来看，能提升材料的综合力学性能（包括弯曲强度、弯曲模量、拉伸强度、拉伸模量、断裂伸长率、抗冲击强度及硬度等），部分能提升材料的其他性能，如耐热性及稳定性等；从化学基团变化来看，C—Cl键合力减小而与周围其他原子的键合力增强或产生新的接枝基团；从吸水性能方面来看，处理后复合材料的吸水性能有所降低，间接证明了复合材料界面结合的增强。

偶联剂种类繁多，形态各异，一般多为液态或固态，如铝酸酯偶联剂为白色半透明蜡状固体，钛酸酯偶联剂外观为红赭色油状液体，硅烷偶联剂为无色透明液体，铝锆偶联剂为淡黄色液体，异氰酸酯偶联剂为无色液体。添加偶联剂的改性方法即在木质纤维、PVC树脂以及其他添加剂高速混合的过程中直接加入或者喷洒少量的偶联剂，并在一定的温度和转速下对物料进行混合处理。但需注意的是，偶联剂添加或喷洒的顺序及添加量会对改性效果产生一定的影响，当添加顺序不当时，可能导致偶联剂的效率降低；当偶联剂用量过多时，过量的未反应的偶联剂小分子也极易在木质纤维和 PVC 基体界面上产生聚集，形成了弱界面层效应，削弱改性效果。总的来说，此法简便、易行、高效，是目前研究和实际生产之中最为常用的改性方法。

添加不同的偶联剂产生的偶联效果各有不同，在同样的配方和添加量下，钛酸酯偶联剂对界面的改性效果明显优于铝酸酯偶联剂，复合材料的拉伸强度、断裂伸长率、弯曲强度和模量均得到较大提升，且二者在添加量为 2.5 份时均达到各自最优改性效果。阮林光等接着对比了硅烷偶联剂和钛酸酯偶联剂改性椰壳粉/PVC 复合材料界面的效果，发现硅烷偶联剂效果尤佳，大幅提升了材料的拉伸强度、抗冲击强度、洛氏硬度及热变形性能。但与之不同的是，郑玉涛等用两种同样的偶联剂改性蔗渣/PVC 界面后却得到相反的结论，即钛酸酯偶联剂的改性效果更好。苏琳等则表明异氰酸酯类偶联剂的效果优于铝锆偶联剂，其原因可能是异氰酸酯中的异氰酸根与木粉中羟基的反应活性更强。其他种类的异氰酸酯偶联剂如聚亚甲基聚苯基异氰酸酯（PMPPIC）也被证实是 PVC 木塑复合材料的有效偶联剂，适当加入能有效提高木塑复合材料的综合力学性能，且其用量与木材的种类、纤维的尺寸及塑料的类型有关。将聚亚甲基聚苯基异氰酸酯（PPI）、甲苯-2,4-二异氰酸酯（TDI）、六亚甲基二异氰酸酯（HDI）及乙基异氰酸酯（EIC）四种不同种类的异氰酸酯偶联剂的偶联效果对比后发现，在同样添加量下，这四种异氰酸酯偶联剂与木粉的反应活性顺序依次降低。由于异氰酸酯的剧毒性及其主要官能团的不稳定性严重限制了其应用范围，故在实际中也较为少见，而使用最多的偶联剂为硅烷偶联剂。

此外值得注意的是，由于直接添加偶联剂和表面接枝改性处理两者的效果相对更佳，故许多研究者对这两者进行了深入对比研究，研究结果表明两种改性方法虽然均对于改善木粉、PVC 间的界面结合性能有重要的贡献，但两者没有绝对意义的优劣之分，这具体表现在对于 PVC 基木塑复合材料具体力学性能指标，如弯曲强度、拉伸强度、拉伸模量、抗冲击强度及断裂伸长率等的提升效率不同。选用铝酸酯偶联剂进行直接添加以及选用过氧化苯甲酰为引发剂对油松木粉表面接枝上丙烯酸丁酯、铝酸酯偶联剂对拉伸强度和抗冲击强度的提升均优于接枝改性。直接添加硅烷偶联剂比 MMA 表面接枝稻壳粉改性更有利于提高材料的拉伸性能，但后者更有利于提高材料的抗冲击性能。钟鑫及刘玉慧等也比较了甲基丙烯酸甲酯接枝改性、硅烷偶联剂处理改性松木/杉木混合体系，并采用X射线光电子能谱（XPS）、扫描电镜（SEM）分析，结果表明，接枝改性法改性后的木质纤维在PVC基体中分散更均匀，与PVC界面相容性更好，所表现出来的拉伸强度、拉伸模量、断裂伸长率和抗冲击强度均更优异。上述现象发生的原因可能与木质纤维的添加量、偶联剂和接枝改性的充分程度、木质纤维的结构差异和其内含物种类差异以及改性方式对纤维素结晶区的影响有关，也可能与复合材料中的其他添加剂及界面相过渡带（即大分子链能在一定区域内活动的厚度）的不同厚度差异有关，但对于这些原因发生的具体分析还有待进一步研究。

（4）Lewis酸碱理论型改性方法

对于PVC分子链结构的特殊性以及考虑到木粉多呈酸性的情况，Matuana最先将Lewis酸碱理论引入PVC基木塑复合材料之中，并且将经验酸碱特性参数K_A和K_D（即电子供给和接受能力）以及特性参数的测试方法（反相气相色谱法）进行了实验，他选用带有氨基基团的硅烷偶联剂通过实验证明了想要有效地将木质纤维与PVC树脂结合在一起，界面的酸碱情况的改善不容忽视。该观点的提出在结合了上述三种理论型改性方法的基础上对PVC基木塑复合材料界面结合特性的改善又提供了全新的思路。近年来，为了有效验证该理论改性方法的可行性，国内外的研究者已经尝试使用一些新型的分子链上带有氨基等碱性基团的改性剂对PVC基木塑复合材料的界面结合的提升进行探究，而这些改性剂主要被分为化学合成类带氨基的改性剂和天然氨基改性剂两种。

直到目前为止，国内外已报道使用的化学合成类带氨基的改性剂主要有油酸酰胺改性剂、乙醇胺铜溶液改性剂、脂肪族类聚氨酯改性剂、分子链上带有氨基的偶联剂及胺类改性剂。将硅烷偶联剂和油酸酰胺对PVC基木粉复合材料的效果进行了对比研究，发现油酸酰胺改性剂的效果更优异。Jiang等采用乙醇胺和碳酸铜溶液处理木质纤维制备PVC/木质纤维复合材料也取得良好的效果，同时他们从复合材料断面相木质纤维颗粒的拔出和破裂，有利证明了两相间的黏合力较强，并且胺铜溶液和木质纤维反应形成稳定的复合物，即所谓的木质纤维的“铜固定”。另一方面，由于胺铜溶液处理过的木质纤维的导热性能得到改善，增强了压缩成型过程中热流的扩散，提高了PVC基体的熔体流动性能，使木质纤维颗粒更容易被PVC基体包覆。将含高活性反应基团的不同聚氨酯处理剂进行改性处理，同样可取得良好的改性效果。沈凡成通过对比研究了胺类改性剂和丙烯腈-

苯乙烯共聚物（AS）改性剂的用量对 PVC 基复合材料力学性能的提升后表明，当胺类改性剂的用量仅为 AS 用量的四分之一时，即能达到理想的改性效果。

上述所提到的全都是化学合成类改性剂，随着人们对“绿色、低碳、环保”理念的进一步增强，一些储量巨大、无毒环保的天然氨基的改性剂被提上日程，这也是 PVC 木塑复合材料的界面改性领域的又一重大突破。对此，国内外的研究者也先后开始研究带有氨基等碱性基团的天然产物对 PVC 基木塑复合材料的界面改性，并相继发现甲壳素、壳聚糖、木质素胺等几类天然高分子化合物由于 Lewis 酸碱作用的影响对改性后复合材料的性能有不同程度的提升。Shah 研究了用甲壳素和壳聚糖的混合物作为天然偶联剂直接填充进入 PVC、木质纤维混合体系并挤出成型，结果表明：仅使用少量混合甲壳素和壳聚糖作为改性剂，复合材料的弯曲强度就提高 16%，弯曲模量提高 20%。Yue 等通过木质素胺进行 PVC 基木塑复合材料的界面改性处理，结果发现木质素胺的界面改性效果与其所对比的氨基硅烷偶联剂几乎一致，添加 30 份含 2%木质素胺的改性剂后，复合材料的拉伸强度和抗冲击强度分别提升 21%和 43.9%。

从目前的研究现状来看，采用带有氨基等碱性基团的改性剂进行 PVC、木质纤维界面改善的研究，多集中于研究添加改性剂前后复合材料的力学性能、断面形貌的变化。虽然也从宏观和微观的变化证明了此理论性改性方法有效性，但对于界面酸碱特性评价、方法创新及机理方面的研究尚少，有待后续研究者的进一步探究。

（5）其他辅助式改性方法

除了上述四种理论型涵盖的改性方法外，研究者们也从复合体系的内部及外部进行了辅助式改性方法的探究，一些从传统塑料工业引入的针对 PVC 树脂加工特性方面的助剂以及对 PVC 基木塑复合材料探索出的创新性辅助式改性方法也对其界面结合性能的提升及保持起到了良好的辅助效果。

传统的 PVC 塑料改性加工中的加工助剂包括氯化聚乙烯类加工助剂（CPE）、丙烯酸酯类加工助剂（ACR）及苯乙烯类加工助剂（BS）等，由于它们的添加能使 PVC 基体在加工过程中更加充分、快速且均匀地熔融，从而将木质纤维更有效地包裹在树脂中，故使得复合材料界面结合强度得以增加。添加适量 CPE 改性木塑复合材料，改性后复合材料的抗冲击强度、弯曲强度都有不同程度的提升。刘希荣等在对木粉进行了预处理后，分别加入 CPE 和 ACR 对 PVC/木粉复合材料进行增韧改性，结果表明，两者的加入使得材料的弯曲强度和拉伸强度均有所下降，但材料的抗冲击强度和断裂伸长率分别增加。通过对比 MBS、ACR 和 CPE 三种抗冲击改性添加剂对木粉/PVC 复合材料抗冲击强度的影响后发现，前两者对抗冲击强度的提升方式类似，且效果均优于后者。雷芳及陈广汉等研究发现：CPE 和 POE-g-MAH 两物质的加入对增大木粉与 PVC 树脂的相容性有较好的协同作用，甚至当木粉用量为 100 份的高木粉填充量时，PVC 木塑复合材料仍具有较好的力学性能和可加工性能。

创新性辅助式改性方法，如在加工过程中添加或共挤多层碳纳米管(CNTs)、有机无机纳米黏土、玻璃纤维或通过表面粘接高碳钢钢条(HCS)等也被证明能分别从复合体系的内部或外部对材料的结合性能起到辅助增强效果。添加 5%的 CNTs 进入 PVC 基木塑复合材料后发现，材料的弯曲强度、拉伸强度和拉伸模量均得到不同程度的提升，然而断裂伸长率却显著降低。采用表层共挤法制备 CNTs/PVC/木粉复合材料，发现材料的弯曲强度和模量均得到明显的提升。Jeamtrakull、Tungjitpornkull 等添加玻璃纤维进入木粉/PVC 配方，结果发现，复合材料的力学性能和耐磨性随着玻璃纤维的加入而改善，添加 30 份时能最大化提升材料的弯曲强度、拉伸强度和拉伸模量，弯曲强度和弯曲模量最大能分别提升 52%～129%和 21%～93%。Deka 等添加木粉和纳米黏土到 PVC 等多种树脂的混合溶液体系中，通过模压成型的方法制备木粉/纳米黏土/PVC 混合树脂高聚物，结果发现，复合材料的界面结合特性提升，热稳定性、力学性能和表面硬度值增加，而吸水率降低。Pulngern 等将不同种类的高碳钢扁条(HCS) 粘接在 PVC 基木塑复合材料受拉侧，使用 0.5mm 厚的 HCS 扁钢条时，材料正面和侧面的弯曲强度分别提升 64%和 101%，在持续载荷作用下，材料的抗蠕变性也显著提升，正面和侧面的最终挠度值分别下降 48%和 11%。

上述的改性方法具备较强的创新性和实用性，并且容易在不同需求的使用场合通过配合前述的四种理论改性方法进行界面结合性能的辅助式增强，但对于其进一步增强理论的探究和工艺参数的优化仍需进一步研究。

综上所述，PVC 基木塑复合材料基于各类理论性的界面改性方法各有所长，且改性效果各异，没有绝对最优的方法，可以说这几种改性方法之间既相互独立，又密不可分。但值得注意的是，现阶段的研究主要集中于化学键理论型改性方法中添加人工合成的有机偶联剂来改善复合材料的界面结合能力，此法并未考虑到 PVC 分子链上氯原子的存在所带来的特殊性，既忽略了 Lewis 酸碱理论对 PVC、木质纤维间界面的重要影响，同时也对材料的绿色环保性能产生一定的影响。因此采用报道中所提到的天然环保并具有偶联潜力的壳聚糖等生物质纤维与木粉/热塑性树脂进行复合材料制备，系统深入地研究壳聚糖的添加对木塑复合材料中各项性能的影响和对界面结合机理的探究已被提上日程，为今后开发出添加天然偶联剂的高性能木塑复合材料提供理论依据和科学指导。

1.3 木塑复合材料生物耐久性研究现状

木塑复合材料的生物耐久性影响因素众多，其中树脂基体、木粉及其他主要添加剂的种类和含量是最重要的几大主要因素。

木材作为一种重要的天然绿色可再生资源，在生长过程中所产生的大量次生代谢产物需通过抽提的方式提取出来，被称作抽提物，木材抽提物主要存在于木材的导管、木射线、树脂道、轴向薄壁组织等结构中，含量虽少，但作为木材的重要的组成成分，与木材的气味以及酸碱性、耐真菌和抗虫类侵蚀息息相关。相关研究报道了杉木、松木、白杨、红枫、白云杉、白柏、侧柏、冷杉、橡木、红豆杉、槐木、非洲绿柄桑、格木等的不同部位，如树皮、心边材等的抽提物有助于木材的天然耐腐性的提升。杉木［*Cunninghamia lanceolata*（Lamb.）Hook］是中国南方最重要的商品用材，堪称中国南方的“木中之王”，其栽培和利用历史悠久。据文字记载，杉木人工林的种植约有1000余年的历史。《尔雅·释木》记载有“被、煔”，煔（音衫），通“杉”。目前，我国杉木林总面积达到912万公顷，总蓄积量3.4亿立方米，其中人工纯杉木林为277万公顷，杉木的产量大，分布广，木材纹理通直，结构及强度均匀，早晚材界限不明显，干缩系数低，材质轻韧，质量系数高，木质纤维形态佳，长径比大，综合力学性能优良且加工容易。此外，杉木具备一些天然特殊的功能，如日本的加福均三曾在1917年就报道过杉木对白蚁侵害有抵抗力；《尔雅》中就有“煔似松，生江南，可以为船及棺材，作柱埋之不腐”的记载；《图经本草》有杉木“作器，夏中盛食不败”之说；《农政全书》又记载有“杉木斑文有如雉尾者”“入土不腐，作棺尤佳，不生白蚁”。杉木材中含有的“杉脑”易散发特殊香味，其心材精油具有较强的抗菌耐腐性，对白蚁也具有较强的触杀毒性和趋避性。另外，其挥发物中的萜类化合物，多具有消炎、杀菌等作用，并能缓解心理紧张和疲劳，令人感觉自然、轻松、舒适。此外，其加工后副产品杉木粉的产量大，分布范围广，价格低廉，容易获取，是制备木塑复合材料必不可少的关键要素。

(1) 防霉菌、真菌研究现状

木塑复合材料的生物耐久性（如真菌、霉菌及其他有害生物）对其户外使用寿命的影响至关重要。最初大多数人认为该种材料由于其木质部分被热塑性树脂基体所包覆而不会受真菌、霉菌等微生物的侵袭影响，但当Morris等最早在美国佛罗里达州某景观处使用四年的木塑复合材料铺板上发现了类似霉菌污点时，经过分离鉴定后辨别出其菌种为褐腐真菌、白腐真菌及蓝变菌等，这一事实打破了传统的观念。随后，Morrell和Lomeli-Ramirez等也均指出木塑复合材料在户外使用过程中容易受到腐蚀，这种现象的发生主要是由于在外界环境（如光、氧、水分等）的影响下，腐朽真菌会对木塑复合材料中的木质颗粒部分造成脱木质素反应而降解，使其质量发生损失，同时在腐朽过程中，真菌可经木塑复合材料表面穿透进入内部，在木质填料与热塑性塑料交界面的微小空隙处继续繁殖。Schirp等用动态力学分析的方法研究真菌降解木塑复合材料界面间的结合情况，结果表明，真菌降解会破坏界面结合，从而降低材料的各项相关性能。针对目前已报道的木塑复合材料受微生物侵袭的文献，下面将从主要危害、影响因素以及现今的相关测试标准三个方面进行详述。

① 主要危害　真菌和霉菌对木塑复合材料的影响，现今已发现的危害主要有三种，即材料表面受污染变色、界面结合性能下降所造成的一系列力学性能（包括硬度、弯曲强度、弯曲模量等）的降低以及材料整体的质量减轻。这几种危害之间存在相互关联且逐一递进的关系。起初，材料表面开始受到微生物侵袭，之后由于木粉和PVC界面之间存在一定的空隙，使得侵蚀进一步加重，最终导致材料界面的破坏，使得力学性能降低及质量损失。

以两种美国典型的阔叶和针叶木种（北美枫木和南方松）作为木质增强填料，在不同添加量水平下制备PVC基木塑复合材料，并参考美国标准ASTM G21和ASTM D3273模拟室内外环境研究了该材料对真菌的敏感性。在模拟室外环境下，两种木粉制备的PVC基木塑复合材料都被霉菌侵袭并产生褪色现象，其中北美枫木制备的复合材料影响尤为严重，另外发现，靠近模拟环境箱底面的复合材料表面受侵袭程度最重，而对于模拟的室内环境，两种木种制备的木塑复合材料表面均未发现霉斑及变色现象。Clemons等研究了密粘褶菌和白腐云芝菌对高密度聚乙烯（HDPE）基木粉复合材料的腐朽情况，结果表明，在处理12周后，以木材组分为基准进行计算，发现密粘褶菌最高可使材料的质量损失达6%。美国硼砂防腐实验室的研究结果也指出，霉腐、真菌能引起木塑复合材料的质量损失率范围约为10%～20%。一定时间作用后，真菌会使木塑复合材料部分降解失重，整体力学性能下降。甘蔗渣/PP复合材料暴露在褐腐菌和白腐菌环境中不同的时间对材料质量减轻、吸水稳定性、硬度、弯曲强度、弯曲模量、缺口冲击强度的影响不同，结果表明：处理后的样品吸收的水分增加，受褐腐菌侵蚀的样品的吸水能力、质量、弯曲强度和硬度的损失率均高于白腐菌侵蚀的样品，然而两种菌种对材料的缺口冲击强度均无任何影响。Schauwecker将木塑复合材料土埋于夏威夷海边长达十年的时间，通过Pilodyn探测值法、显微镜观察法、繁殖法检验木塑复合材料的物理和化学性能，结果表明，木塑复合材料表面硬度下降，有一定程度的热降解和生物降解，同时伴随着木粉含量下降。

此外，一些与危害相关的重要数学关系也被提出，如复合材料的质量损失与弯曲强度、弹性模量、硬度、平衡含水率之间存在一个极其重要的相关系数。Silva等用琼脂、土壤、蛭石、液体媒介对木塑复合材料进行加速抗真菌测试，发现前两者在实验室加速实验效果明显，真菌侵蚀程度与水分吸附呈一定的函数关系。这些数学关系的建立，对木塑复合材料微生物降解的进一步研究有着重要的指导作用。

② 影响因素　对于木塑复合材料的抵抗真菌、霉菌影响的研究主要集中于木质纤维填料的自身特性和处理方式，如不同木种自身所具有的特性(包括密度、化学抽提物等)、木质纤维尺寸大小、木质纤维的改性方式以及霉菌的种类等。另外，塑料基体的种类（PE、PP及PVC等)、加工方式(模压、挤出及注塑）以及在制备过程中添加的各种化学添加剂，如塑化剂、稳定剂、润滑剂、着色剂、抗菌防霉剂及其他有机无机添加剂等，都可能会对不同基质的木塑复合材料的真菌、霉菌耐久性产生不可忽视的影响。

异种木种、同种木种不同部位及不同的木质纤维尺寸大小等对木塑复合材料微生物耐久性影响差异明显。James等对比了鹅掌楸、北美黄杉、刺槐、北美黄松和白橡制备的HDPE基木塑复合材料对耐褐腐菌、白腐菌的影响，北美黄杉被证实效果最好。墨西哥研究团队用土壤营养钵和琼脂测试两种加速腐蚀的方法评估了松木、枫木、橡木制备的木塑复合材料抵抗四种不同种真菌侵蚀的能力，发现枫木和橡木对真菌较为敏感，而松木的抵抗能力相对较佳。所填充的木质纤维的密度差异（如早晚材密度不一）也会影响材料的真菌耐久性。对比未经化学抽提和已抽提的木粉（其抽提方式包括冷水浸泡及乙醇/甲苯抽提）制备的木塑复合材料的吸水稳定性、天然耐真菌性发现，木粉中的抽提物含量和种类对材料性能有一定影响，用已抽提过的木粉制备的木塑复合材料力学性能和耐真菌性较未抽提的差，原因可能是抽提过的木粉表面接触角降低，故与树脂基体的结合性能更佳。此外，木塑复合材料的抗侵蚀敏感性与木粉添加量和木粉粒径关系较大，木粉粒径越大则越容易受到真菌侵蚀的危害。冯静等收集了国内各地区木塑复合材料生产厂家霉变后的样品并进行分离鉴定，发现材料霉变后产生的主要霉菌有：黑曲霉（*Aspergillus niger*）、球毛壳霉（*Chaetomium globasum*）、拟青霉（*Paecilomyces variotii*）、桔青霉（*Penicillium citrinum*）、木霉（*Trichoderma* sp.）、毛霉（*Mucor* sp.）、根霉（*Rhizopus* sp.）、绿粘帚霉（*Gliocladium virens*）及绳状青霉（*Penicillium funiculosum*）等，其中以曲霉属和青霉属为主。另外，他们也分别用木粉、竹粉、蔗渣粉和稻糠粉作为填料制备 HDPE 基复合材料，并进行防霉评价，结果表明，木粉的防霉性能最好，在处理 28d 后，未发霉（生长级数为 0 级）；而竹粉、蔗渣粉和稻糠粉的防霉性能则相对较差，在处理 28d 后，有大面积发霉（生长级数达到 4 级）。木塑复合材料的填充原料的形态（如粉状、纤维状）也对木塑复合材料的真菌耐久性产生影响。

通过添加偶联剂或对木质纤维进行改性处理来改善木质纤维与树脂基体的相容性可以有效抑制并降低材料对真菌霉菌的敏感性。通过添加马来酸酐接枝聚乙烯（MAPE）相容剂可有效提升木塑复合材料的力学性能，吸水稳定性能和天然耐久性，且这几种性能之间联系较为紧密。通过对填充木粉进行乙酰化处理，可降低木/HDPE 复合样品的水分吸附和真菌腐朽。通过将杨木纤维酯化处理后再进行 HDPE 基木塑复合材料的制备，结果发现，复合材料对白腐菌和褐腐菌抵抗能力大幅度提升，同时质量损失率和颜色变化也明显降低。

不同的添加剂或防腐防霉剂的加入可直接影响木塑复合材料的防霉抗菌性能，如纳米氧化锌添加至 PP 基木塑复合材料后，材料的抗白腐和褐腐菌的能力明显提升；比较（4,5-二氯-N-辛基-4-异噻唑-3-酮）异噻唑啉酮衍生物（DCOIT）和硼酸锌对抑制木塑复合材料霉菌生长的效率，结果发现，DCOIT 对霉菌生长的抑制效率高于硼酸锌。添加 1%～1.5%的四氯异苯腈即可抑制霉菌在材料中的生长。通过研究不同木塑复合材料的配方与抵抗褐腐菌、白腐菌之间的关系，并添加硼酸锌进行对比分析研究表明，添加 2%的硼酸锌可以最大限度地实现真菌的抵抗，减小材料的质量损失。添加润滑剂通常会增加霉菌的生长概率。同一添加量下，滑石粉浓度的增大会导致真菌引起的材料质量损失率增加。

除此之外，不同的树脂基体及不同的加工方式的影响作用也不容忽视。李大纲等对比研究了稻糠粉/PE基复合材料、稻糠粉/PP基复合材料、稻糠粉/PVC基复合材料、夹竹条/木塑复合材料和杨木等对白腐菌种中彩绒革盖菌的耐久性差异，结果表明，木塑复合材料的耐腐性虽优于木材，但仍会有一定程度的腐蚀，四种木塑复合材料的耐腐性由大到小的排序是：PE木塑复合材料＞PP木塑复合材料＞PVC木塑复合材料＞夹竹条/木塑复合材料。Clemons等对比了不同的加工方式(挤出、注塑、模压）对木塑复合材料吸水性的影响，其吸水性的排序为：挤出＞模压＞注塑，该结果间接反映出材料对真菌的耐久性。相比模压加工来说，挤出加工的木塑复合材料木质纤维的分散更加均匀，材料更加密实，使得对水分的抵抗能力尤佳。将木粉用铜铬砷防腐剂（CCA）进行预处理，然后与回收塑料进行模压复合的方式制备木塑复合材料，材料的生物抵抗能力均明显提升。

③ 测试标准　关于木塑复合材料抵抗真菌、霉菌的测试方法，目前世界各国均未制定出专门的标准，多数情况之下均是参考如ASTM G21—1996、ASTM D 3273—1994、ASTM D 4445—1991、ISO 16869、GB/T 4768—2008及GB/T 18261—2000等木材、塑料或纸张行业的相关标准进行，通过观察霉菌在复合材料表面的生长情况，以判断霉菌的生长级数，一般将评判等级分为4级（即0～4级，0级表示不生长，4级为严重生长，覆盖率介于60%～75%之间，甚至更高），从而对木塑复合材料的霉菌耐久性进行评价。

从霉菌和真菌对木塑复合材料的研究状况来看，国外已有不少研究报道，而国内研究还处于起步阶段。但对防霉防腐的研究随着木塑复合材料在长时间使用过程中所暴露问题的数量增加而逐渐增加，尤其对高温潮湿地区而言，影响更为严重，这更加迫切地要求国内研究者从不同视角采用不同的研究方法对不同基质的木塑复合材料抵抗霉菌和真菌特性进行研究。

（2）防白蚁研究现状

对木塑复合材料白蚁的研究，国外有少量的报道，最早研究白蚁对木塑复合材料危害的是美国林产品实验室，研究者选用挤出成型的木塑复合材料，根据标准ASTM D 1758（测试木材防腐剂白蚁抗性功效的标准），将木塑复合材料放在户外三年，结果发现，供试用的木塑复合材料的地下部分有明显可见的白蚁啃咬痕迹，材料表面出现了白蚁蛀蚀遗留下的孔洞。

白蚁对木塑复合材料的危害与霉菌、真菌相类似，主要包括两点：第一，易导致样品表面出现凹凸不平的蛀蚀孔洞，影响了材料的整体性和美观；第二，使材料重量下降，力学性能下降，缩短了使用寿命。不同的木粉添加量、不同木种的木粉颗粒所制备的木塑复合材料抗白蚁性能不一。

美国海军和密歇根理工大学对木塑复合材料的白蚁抗性进行了长达27个月的自然暴露户外实验，他们分别将含硼酸锌的木粉/HDPE试样、不含硼酸锌的木粉/HDPE试样和不含硼酸锌的木粉/PVC复合材料随机放置于存在天然台湾大白蚁种群的夏威夷希罗附近区域，并参照AWPA E7标准进行木塑复合材料的白蚁危害测试及相关危害的等级评价，此标准中将白蚁危害的等级划分为10级，其中10级表示材料为完好状态，而0级表示材料被完全破坏，并以山杨木作为实验的诱饵及对照样品。结果表明，在27个月的实验期内，所有木塑复合材料试样上均未发现有白蚁活动的痕迹，而对照用的山杨木中有70%的材料被白蚁攻击，木塑复合材料的抗白蚁性能远胜于天然木材。Wu等参照AWPA E1标准研究了木粉/HDPE、竹粉/HDPE、蔗渣/HDPE及商业木粉/HDPE木塑复合材料对采集自新奥尔良白蚁的抗性，采用白蚁死亡率、样品的质量损失率和AWPA E1中规定的白蚁危害等级三个指标为评判标准。结果表明，所有被测试的木塑复合材料均受到了不同程度的白蚁的攻击，其中，HDPE/蔗渣（70/30）、HDPE/竹粉（60/40）和HDPE/木粉（70/30）试样在处理后，质量损失率分别为4.3%、4.5%和1.8%，样品被白蚁危害的等级分别为7.1、7.9和9级；几种市售商业木粉制备的木塑复合材料的质量损失率在0.8%～7.9%之间，白蚁危害等级在8.3～7.2级之间。H′ng等通过将一定数量的白蚁和注塑成型木粉/PP复合材料试样放入供试塑料容器中，然后置于25℃、相对湿度为80%的环境中放置4周进行作用，研究了该材料对大家白蚁（*Coptotermes curvignathus*）的抗性。结果表明，木粉含量分别为60%、65%及70%的木粉/PP复合试样，在白蚁处理4周后，其质量损失率分别为1.53%、2.15%和4.21%，材料的危害等级分别为9.8、9.8和9.6级，此结果证实白蚁不仅会对材料造成危害，且该危害程度会随纤维填充量的增加而逐渐加剧。即使在50份中等水平的木粉填充量下，材料也不能完全抵抗白蚁的侵袭，在材料表面仍能发现白蚁啃食的痕迹；测试前表面损伤与否对白蚁抵抗能力也有较大影响，实验中发现，仅2块表面未损伤的试件能完全抵抗白蚁的攻击。

与上述提到的真菌、霉菌的防治方法类似，通过加入一些增加木塑复合材料之间界面结合的偶联剂、相容剂或杀虫剂能有效减小白蚁的侵蚀。H′ng研究结果表明，当向木粉/PP复合体系中添加1%、2%、3%和4%的马来酸酐接枝聚丙烯（MAPP）偶联剂时，在白蚁啃食后，材料的质量损失率和危害等级均有不同程度的降低，ZnB的添加对木塑复合材料的白蚁抵抗能力也有较大提升。Chow等选用三种具有防虫功效的银胶菊纤维

(*Parthenium argentatum*、*Parthenium incanum* 和 *Parthenium tomentosum*) 分别与 HDPE 制备木塑复合材料，并以松木粉/HDPE 木塑复合材料作为对照，放置在白蚁环境中 1 周，研究了复合材料对黄胸散白蚁(*Reticulitermes* spp.) 的抗性。结果表明，白蚁在 *Parthenium incanum*/HDPE、*Parthenium tomentosum*/HDPE 与 *Parthenium argentatum*/HDPE 复合材料上的存活率分别仅为 7%、6% 及 5%，与对照的松木/HDPE 复合材料的白蚁存活率为 40%相比，抗白蚁性能显著。

目前，国内针对此类问题的研究报道尚属空白，随着木塑复合材料在国内应用领域的进一步拓展，对于木塑复合材料抵抗白蚁侵蚀的研究已不容忽视。

1.4 天然壳聚糖抗菌性及其复合材料研究现状

壳聚糖是甲壳素脱乙酰基后的产物，是甲壳素的一种衍生物，地球上仅次于纤维素的第二大生物资源，也是自然界除蛋白质之外数量最大的含氮天然有机化合物，主要存在于甲壳纲动物虾蟹的甲壳、昆虫的甲壳、真菌（酵母、霉菌）、藻类及植物的细胞壁中。壳聚糖的分子结构与纤维素非常相似，差异仅存在于单个葡萄糖分子第二个碳原子上的羟基与氨基，其具有良好的环境友好性，无毒和广谱抗菌性，尤其对革兰氏阳性细菌效果显著。壳聚糖也是目前世界上唯一含阳离子的动物性纤维，对带负电荷的有害物质具有强大的吸附作用，素有“软黄金”“动物纤维”“人类最后的生物资源”之美誉。壳聚糖具有天然广谱性能，可被广泛应用于食品、纺织印染、医药卫生、化工、生物工程、农业及畜牧饲养业、资源环保、功能材料等领域，成为 21 世纪极具潜力、重点开发的生物新材料。同时国外曾有报道指出，壳聚糖与 PVC 基植物纤维复合材料有天然偶联之功效，即在免加常规偶联剂时能够明显提升木塑复合材料的力学性能。随着壳聚糖这种大自然所赐予的多功能产物与木塑复合材料研究工作的进一步深入，对两者的应用范围都会有更大的发展空间。

(1) 天然壳聚糖抗菌性研究现状

壳聚糖最重要的天然功能之一就是抗菌性能，自 1979 年 Allan 首次报道了壳聚糖具有天然抑菌活性后，在 1988 年，日本研究人员又发现壳聚糖对金黄色葡萄球菌和大肠杆菌有明显的抑制作用。随后国内外许多科研人员对壳聚糖的抗菌机理、广谱抗菌性及抗菌性影响因素进行了深入而广泛的研究。

① 抗菌机理

第一种理论认为壳聚糖特殊的氨基在酸性溶液中发生质子化而产生正电荷—NH_3^+ 离子，通过静电力的吸引作用与微生物菌类表面的负电荷发生相互作用，导致微生物细胞壁和细胞膜上负电荷分布不均，通透性增加，破坏了细胞膜内外的渗透平衡，从而引起细胞内电解质（钾离子、蛋白质、核酸、葡萄糖、乳糖脱氢酶）的流失，起到抑菌杀菌作用；第二种理论认为少量壳聚糖穿过细胞膜进入微生物的细胞核内与DNA相结合进而破坏mRNA和蛋白质的合成，从而间接产生一定的抑菌抗菌效果；第三种机理是壳聚糖通过螯合金属离子结合细菌等生长所必需的营养物质来抑制其生长。壳聚糖及其衍生物的最低菌抑菌浓度会因所培养细菌的种类不同而有显著的变化。另外，也有研究者认为，大分子壳聚糖的抑菌机理表现主要是通过包裹在细菌的细胞壁外，影响细菌的正常新陈代谢而发挥作用。

② 广谱抗菌性

壳聚糖对细菌、真菌等多种微生物都具有抑制作用。常见的菌种如大肠杆菌（*Escherichia coli*）、金黄色葡萄球菌（*Staphylococcus aureus*）、沙门氏菌（*Salmonella*）、枯草芽孢杆菌（*Bacillus subtilis*）、绿脓杆菌（*Pseudomonas aeruginosa*）、乳酸菌（*Lactobacillus*）、曲霉（*Aspergillus*）及其他常见微生物等。

Ghaouth以灰霉病菌和软腐病菌为实验菌种发现，壳聚糖对病菌孢子的萌发、菌丝的生长有抑制作用，并影响菌体的形态，使菌变粗，扭曲，甚至发生质壁分离。涂有壳聚糖的苹果具有一定的防霉菌污染能力，可明显延长保存期。另外，壳聚糖对匍茎根霉菌等真菌也有抑制作用。桥本俊郎用0.01%的壳聚糖处理乳酸60min，发现抑菌率可达100%。壳聚糖系列复合物分别对金黄色葡萄球菌、枯草杆菌、大肠杆菌及黑曲霉和冻土毛霉等进行抑菌性研究表明：对细菌抑制的总体效果是对枯草杆菌的抑制＞对金黄色葡萄球菌的抑制＞对大肠杆菌的抑制。实验也验证了壳聚糖对金黄色葡萄球菌、大肠杆菌、小肠结肠炎耶尔森菌、鼠伤寒沙门菌、单核细胞增多性李斯特菌这五种食物常见的中毒菌有较强的抑制作用。路振香等的实验结果表明：对革兰氏阳性菌（金黄色葡萄球菌、蜡样芽孢杆菌）和革兰氏阴性菌（铜绿假单胞菌、鸡伤寒沙门菌、大肠杆菌）均有抑制作用。刘艳如等的研究结果表明：含量为0.5%的，平均分子量为1900的壳聚糖溶液对枯草杆菌、金黄色葡萄球菌、大肠杆菌、八叠球菌和放线菌都有100%抑菌率。

③ 抗菌性影响因素

已经研究得出的一些常见的对壳聚糖抗菌性造成影响的因素包括：壳聚糖分子量、壳聚糖脱乙酰度、壳聚糖的浓度、壳聚糖改性方式、周围环境pH值、金属离子的增强抑制作用和壳聚糖加入的时机等。

在壳聚糖分子量大小研究方面，分子量为40000的壳聚糖在浓度为0.5%时，对金黄色葡萄球菌和大肠杆菌的杀灭率为90%；分子量为180000的壳聚糖在浓度为500×10^{-6}时，对金黄色葡萄球菌和大肠杆菌的杀灭率为100%；分子量在300000以下时，壳聚糖对金黄色葡萄球菌的抑制作用随分子量减小而逐渐减弱。对大肠杆菌和金黄色葡萄球菌，平均分子量过低（小于5000）的壳聚糖不仅没有抗菌作用，反而能促进细菌的生长。下条学等用乌贼制备分子量为70000至4260000的壳聚糖并发现，使用$5mg\cdot L^{-1}$的浓度对龋齿菌抑制作用可高达95%以上且抑菌速度极快。杨声等考察了不同分子量壳聚糖对大肠杆菌的抑菌性能，利用壳聚糖的席夫碱反应对其氨基加以保护，结果表明，壳聚糖分子量越小，对大肠杆菌的抗菌作用越明显。

壳聚糖的脱乙酰度也会对最低抑菌浓度有明显的影响，壳聚糖的脱乙酰度越高其抑菌作用越强。壳聚糖对鸡大肠杆菌、鸡白痢沙门氏菌、金黄色葡萄球菌、禽多杀性巴氏杆菌4种鸡常见病原菌均有体外抑制作用，壳聚糖对病原菌的抑菌效果随脱乙酰度的增高而增强。当壳聚糖分子量较低，且脱乙酰度在75%以上时，其抑菌效果明显。这是因为随着壳聚糖分子量的降低，脱乙酰度的提高，壳聚糖分子链上裸露的—NH_2密度就会增加，在适宜的环境中，抗菌因子—NH_3^+的密度也会增加，从而提高抗菌性能。

从壳聚糖浓度大小对抗菌的影响方面来看，Sudarshan等发现浓度的变化对壳聚糖抑菌作用有影响，0.1mg/mL、2.0mg/mL、5.0mg/mL不同浓度的壳聚糖-氢化谷氨酸，前者的抑菌性优于后面两者。Roller等研究发现，壳聚糖浓度达到1g/L时就可抑制葡萄状白霉（*Mucor racemo*）的生长，在壳聚糖浓度达到5g/L时就完全抑制了3种丝衣霉属细菌（*Byssochlamys* spp.）的生长。Yasushi指出0.025%～0.05%为壳聚糖抑制大肠杆菌、枯草杆菌及金黄色葡萄球菌的最低浓度，而当壳聚糖溶液浓度为0.4%时，对大肠杆菌、荧光单假细胞、普通变形杆菌、金黄色葡萄球菌、枯草杆菌和部分酵母、霉菌等均有较强的抗菌性。

通过化学反应改性后的壳聚糖对抗菌性能也存在一定影响，如通过席夫碱反应可得到多种壳聚糖季铵盐，在乙酸缓冲溶液中，季铵化壳聚糖的抗菌活性比天然的壳聚糖强，且随烷基链长度的增加，其抗菌活性也增加，表明烷基链的长度和正电荷取代基影响壳聚糖衍生物的抗菌活性，但是烷基链越长，得到的壳聚糖季铵盐的水溶性越差。*N*,*N*,*N*-三甲基壳聚糖季铵盐有抗大肠杆菌和金黄色葡萄球菌活性的功能。含有*N*-长链烷基壳聚糖的季铵盐对孢子菌、大肠杆菌有较强的抗菌作用。毛胜凤等采用抑菌圈法对比研究了不同浓度的天然壳聚糖、壳聚糖金属盐（铜盐和锌盐）及硼酸对木霉、青霉、黑曲霉、黄曲霉以及酵母菌的抑菌作用，并筛选出最佳抑菌质量分数。结果表明，天然壳聚糖对木霉、青霉和酵母菌的抑菌效果都较好，且时效长，其中壳聚糖金属盐对黑曲霉和黄曲霉的效果更佳。

在周围环境pH值对壳聚糖的抗菌性影响的相关研究中发现，在有机酸中，壳聚糖的抗菌能力比在脱盐的中性海水中更强。Fang等发现黑曲霉在pH值为5.4的弱酸性培养基中添加0.1～5mg/mL的壳聚糖可抑制黑曲霉的生长，采用3.0mg/mL的壳聚糖溶液对可产生黄曲霉毒素的寄生曲霉的抑菌效果达62.5%。Wang在培养基中添加0%、0.5%、1.0%、1.5%、2.0%及2.5%的壳聚糖，以乙酸调整培养基中的pH值，并分别接种5种常见的食物病原菌，包括金黄色葡萄球菌、大肠杆菌、小肠结肠炎耶尔森菌、单核细胞增多性李斯特菌和鼠伤寒沙门菌。结果发现，在pH值为6.5和5.5时抑菌效果差异明显，在pH值为6.5时，壳聚糖对几种菌种的抑菌效果相对偏低，其产生的抑菌效果从大到小的排序为：金黄色葡萄球菌＞鼠伤寒沙门菌＞大肠杆菌＞小肠结肠炎耶尔森菌，而对单核细胞增多性李斯特菌基本无效；在pH值为5.5时，除了鼠伤寒沙门菌外，壳聚糖对其余细菌的抑菌效果均较佳。研究认为，壳聚糖因为具有质子化胺，质子化胺能与细菌带负电荷的细胞膜作用，干扰细菌细胞膜功能造成细菌体内细胞质流失，扰乱细胞的正常生理代谢，从而达到杀菌的目的。而在pH为中性时，壳聚糖中的氨基没有被质子化，因而不能抑制细菌的生长，反而是作为一种糖分被细菌利用。由此可见，通常在弱酸条件下，壳聚糖具有明显的抑菌效果，但是当pH值为7时，壳聚糖不但没有抑菌效果，反而还有一定的促进细菌生长的作用。杨声等研究壳聚糖对大肠杆菌的作用也表明，酸性介质中壳聚糖的抗菌表现更佳，这可能与壳聚糖的氨基质子化相关，该结论与夏文水等对金黄色葡萄球菌和大肠杆菌的抗菌实验结果相一致。

一些金属阳离子的添加同样被研究者发现会对壳聚糖抗菌性产生促进或抑制作用。Chung等也报道了添加二价金属阳离子能抑制壳聚糖的抗菌性，且抑制能力按照从大到小的顺序排列是：$Zn^{2+}>Ca^{2+}>Ba^{2+}>Mg^{2+}$，这是因为壳聚糖的氨基能结合金属离子从而减弱其抗菌性。许涛等研究了二价金属阳离子（Ba^{2+}和Ca^{2+}）得出相似的结论，但所不同的是，其推断壳聚糖与二价金属阳离子作用的主要位点是自由氨基，将氨基修饰后二价金属离子的抑制能力降低。Li 等研究了壳聚糖对黄单胞菌的抗菌活性，发现加入Na^{+}后可以一定程度地改善壳聚糖的抗菌活性。

此外，在壳聚糖的添加时机方面，研究发现在微生物生长的前期添加壳聚糖，其抗菌能力更佳，其抗菌活性与壳聚糖本身的性质以及测试条件密切相关，需要综合来进行把握和调控。

（2）壳聚糖复合材料研究现状

除天然抗菌性之外，壳聚糖自身还具备许多独特的天然特性，如优良的力学性能、吸附性、生物相容性、可降解性、化学反应性及抗静电特性等，用到材料的复合制备中均能产生不错的效果。将具备不同天然功能及特性的壳聚糖与不同材料复合的研究现已开展得如火如荼，如已经研究报道的壳聚糖抗菌复合材料、壳聚糖纳米复合膜材料、壳聚糖生物医用复合材料、壳聚糖复合吸附材料及壳聚糖复合纤维材料。目前尚无将壳聚糖引入木塑复合材料，并对其复合工艺优化和各项特性系统研究及其功能性评价的报道。

在壳聚糖抗菌复合材料研究方面，张惠珍选用壳聚糖、水溶性壳聚糖和微米化壳聚糖为抗菌剂，LDPE 为基体，通过机械混炼法制备了系列抗菌塑料，考察了各种壳聚糖用量对抗菌塑料断裂伸长率的影响以及其对大肠杆菌、枯草芽孢杆菌和假单胞菌种的抑菌效果。结果表明，各种壳聚糖的加入均使 LDPE 的断裂伸长率降低，当壳聚糖∶LDPE>0.5∶100（质量比）后，下降缓慢；各抗菌塑料对三种供试细菌的抑菌效果不同，以水溶性壳聚糖为抗菌剂所得的产物对枯草芽孢杆菌的抑制效果最好，而抗菌剂用量对抗菌率的影响不大；6 周土壤掩埋实验表明，添加壳聚糖会使低密度聚乙烯（LDPE）抵抗自然环境中微生物侵蚀的能力降低。刘俊龙等采用水相悬浮聚合法制备了接枝壳聚糖，通过红外光谱、X 射线衍射及扫描电镜分析证明了甲基丙烯酸甲酯单体成功接枝到壳聚糖分子上，并用机械共混法制备了以 LDPE 为基体的抗菌塑料，对抗菌塑料抗菌活性进行了测定，结果表明：改性壳聚糖与树脂间具有很好的相容性；抗菌剂添加量为 3 份时，抗菌塑料对大肠杆菌、枯草杆菌在 24h、48h 的抗菌率均超过 90%。此外，抗菌剂的加入对材料力学性能无不良影响。羧甲基壳聚糖加入天然橡胶后，红外谱图上 $1700cm^{-1}$ 附近的吸收峰强度发生了变化，材料的热氧化稳定性增强，并获得了抗菌的性能，且羧甲基壳聚糖的加入量小于 4%较适宜。纳米 TiO_2/壳聚糖复合材料的抑菌性能较单独的壳聚糖和 TiO_2 均有明显提高。谢长志等采用水相悬浮聚合法合成壳聚糖接枝苯乙烯（CTS-g-St）抗菌剂，通过机械共混法制备了以 LDPE 为基体的抗菌塑料，采用红外光谱分析抗菌剂，扫描电镜观察材料断面，定量抗菌实验对抗菌塑料抗菌活性进行了测定，并测试了材料的力学性能。结果表明：苯乙烯单体成功接枝到壳聚糖分子上，改性壳聚糖与树脂间具有很好的相容性，抗菌剂添加量为 2 份时，抗菌塑料对大肠杆菌和枯草杆菌在 24h、48h 抗菌率均超过 90%，抗菌剂的加入对材料力学性能无不良影响。

壳聚糖复合膜材料研究方面，用一步电极沉淀法制备 MnO_2/壳聚糖纳米复合薄膜材料，应用于电器化学电容之中，研究发现壳聚糖的存在提升了 MnO_2 自身的离子和电子输送能力，使得 MnO_2/壳聚糖纳米复合薄膜的比电容和倍率性能优于纯 MnO_2 薄膜，并且电容量损失率降低。通过将含有天然壳聚糖的丙基三甲基缩水甘油基硅烷流延到聚苯乙烯-硫酸接枝的聚四氟乙烯（PTFE）上制备壳聚糖/PTFE 复合薄膜材料，很好地提升了 PTFE 自身对有机溶剂的渗透气化脱水能力。通过将壳聚糖溶液流延到多孔性聚醚砜材料进行表面交联制备壳聚糖/聚醚砜复合膜材料，该膜材料对水-乙醇、水-异丙醇混合液体的渗透分离效果较佳，且受温度影响小。将 2%的壳聚糖溶液和 1%的甲基纤维素溶液混合，采用流延成膜的方式制备壳聚糖/甲基纤维素复合薄膜材料，此种材料具有良好的防水性和力学性能，且可降解性能突出，已被用于食品、医药和化妆品包装材料中。

壳聚糖复合材料现今也较多的被用于替代人体骨骼和牙齿等组织。采用原位转换法制备出具有高机械强度，高孔隙率的沸石-A/壳聚糖复合材料，研究了材料的生物活性、抗菌性及与 Ca^{2+} 和 Ag^{+} 的离子交换特性，结果表明，此类复合材料生物活性良好、抗菌性能优异，对于人体组织工程和抗菌食品包装领域的发展有巨大的潜力。采用溶液混合法制备了聚磷酸钙/壳聚糖复合材料，通过测试和评价表明，该复合材料是人体膝关节半月板组织很好的候选材料之一。Li 等也研究出制备生物相容性优异，适用于人体组织中的磷酸化壳聚糖/壳聚糖/羟基磷灰石复合材料的联合沉降法。此外，采用玉米蛋白和壳聚糖复合制备电仿复合纤维，研究表明，该材料有很大潜力被用于医用的胃黏膜黏着剂，运送胃肠道疏水性化合物。

壳聚糖优异的吸附性能在复合材料之中也较好地表现出来，通过溶液悬浮法制备了壳聚糖/沸石复合材料，研究复合材料对废水处理过程中大分子物质腐殖酸的吸附的能力，结果表明，采用壳聚糖/沸石制备的复合材料，对大分子物质腐殖酸的吸附效果优异，较好地解决了常规吸附材料，如沸石、活性炭等能以达到的功效。利用制备出的壳聚糖/聚丙烯酸/凹凸棒复合材料作为特殊吸附材料，在木材、棉花及丝织品的烘干和染色过程中快速高效地吸附极易残留且难去除的亚甲基蓝阳离子染料。

此外，壳聚糖对于增强复合材料的某些性能方面也有报道，通过注塑的方式添加壳聚糖及其衍生物（质量范围 0～30%）进入淀粉中制备生物可降解复合材料，壳聚糖用量的增加提升了材料的拉伸强度、弹性模量和吸水稳定性；将壳聚糖溶液加入玻璃纤维和竹纤维共同制备聚丙烯复合材料能改善复合材料的结合性能。赵茜等通过溶液共混法成功制备了氧化石墨烯/壳聚糖纳米复合材料。透射电镜结果表明，氧化石墨烯纳米粒子在壳聚糖基体中分散良好，拉伸实验结果表明，随着氧化石墨烯含量的增加，氧化石墨烯/壳聚糖纳米复合材料的杨氏模量和拉伸强度均显著改善，加入 4%的氧化石墨烯能够使纳米复合材料的杨氏模量和拉伸强度分别提高 123%和 117%；但另一方面，也在一定程度上使复合材料的断裂伸长率或韧性下降。李伟等利用原位聚合法制得聚乙烯/壳聚糖（PE/CS）复合材料。通过傅里叶红外光谱、差示扫描量热仪和扫描电子显微镜等手段对催化剂负载机理和材料的性能进行了表征。结果表明：随着壳聚糖含量的提高，材料的热性能和力学性能下降，壳聚糖的质量分数控制在 7.8%，材料表现出较好的综合性能。

综上所述，壳聚糖的各种天然优势使得其在复合材料的各个领域都发挥着巨大的功效，故将其引入木塑复合材料对于进一步开拓壳聚糖的应用及木塑复合材料的天然功能性都极其重要。

参考文献

[1] 贺金梅，李斌. 热塑性聚合物/木纤维复合材料的研究进展 [J]. 高分子材料科学与工程，2004，20（1）：27-30.

[2] Gurunathan T，Mohanty S，Nayak S K. A review of the recent developments in biocomposites based on natural fibres and their application perspectives [J]. Composites Part A：Applied Science and Manufacturing，2015，77：1-25.

[3] Schirp A，Ibach R E，Pendleton D E，et al. Biological degradation of wood-plastic composites（WPC）and strategies for improving the resistance of WPC against biological decay [C]. American Chemical Society，Washington，DC，2008：480-507.

[4] 彭镇华. 中国杉树 [M]. 北京：中国林业出版社，1999.

[5] Shah B L，Matuana L M. Novel coupling agents for PVC/wood-flour composites [J]. Journal of Vinyl and Additive Technology，2005，11（4）：160-165.

[6] Fang Y Q, Wang Q W, Bai X Y, et al. Thermal and burning properties of wood flour poly (vinyl chloride) composite [J]. Journal of Analysis and Calorimetry, 2012, 109 (3): 1577-1585.
[7] Bledzki A K, Reihmane S, Gassan J. Thermoplastics reinforced with wood fillers: a literature review [J]. Polymer-Plastics Technology and Engineering, 1998, 37 (4): 451-468.
[8] Wang H, Chang R, Sheng K C, et al. Impact response of bamboo-plastic composites with the properties of bamboo and polyvinylchloride [J]. Journal of Bionic Engineering, Suppl. 2008: 28-33.
[9] Wang H, Lan T, Sheng K C, et al. Role of alkali treatment on mechanical and thermal properties of bamboo particles reinforced polyvinylchloride composites [J]. Advanced Materials Research, 2009, (79-82): 545-548.
[10] Wang H, Sheng K C, Chen J, et al. Mechanical and thermal properties of sodium silicate treated moso bamboo particles reinforced PVC composites [J]. Science China: Technological Sciences, 2010a, 53 (1): 2932-2935.
[11] Wang H, Sheng K C, Lan T, et al. Role of surface treatment on water absorption of poly (vinyl chloride) composites reinforced by phyllostachys pubescens particles [J]. Composites Science and Technology, 2010b, 70 (5): 847-853.
[12] Saini G, Bhardwaj R, Choudhary V, et al. Poly (vinyl chloride) acacia bark flour composite: Effect of particle size and filler content on mechanical, thermal, and morphological characteristics [J]. Journal of Applied Polymer Science, 2010, 117 (3): 1309-1318.
[13] 阮林光，李志君，陈志峰，等. 改性椰壳粉/PVC 复合材料结构和性能的研究 [J]. 弹性体，2008，18 (4)：31-34.
[14] Matuana L M, Kamdem D P, Zhang J. Photoaging and stabilization of rigid PVC/wood-fiber composites [J]. Journal of Applied Polymer Science, 2002, 80 (11): 1943-1950.
[15] 郑玉涛，梁茹，曹德榕，等. 表面改性蔗渣纤维/PVC 复合材料力学性能的研究 [J]. 新型建筑材料，2005，(11)：4-7.
[16] 王剑峰，吴作家，洪碧琼，等. 表面接枝改性木粉及其在 PVC 基木塑复合材料中的应用 [J]. 化学工程与装备，2008，(4)：11-16.
[17] 韩志超，迟红训，王少廷，等. 丙烯酸甲酯接枝亚麻纤维及其在 PVC/亚麻复合材料中的应用 [J]. 大连工业大学学报，2008，27 (3)：241-244.
[18] 廖兵. 废旧塑料回收利用技术的现状及发展趋势 [C]. 塑料加工技术及装备发展战略研讨会论文集. 2001，310-313.
[19] Matuana L M, Woodhams R T, Balatinecz J J, et al. Influence of interfacial interactions on the properties of PVC cellulosic fiber composites [J]. Polymer Composites, 1998a, 19 (4): 446-455.
[20] Jiang H H, Kamdem D P. Development of poly (vinyl chloride) /wood composites. A literature review [J]. Journal of Vinyl and Additives Technology, 2004, 10 (2): 59-69.
[21] 沈凡成，贾润礼，魏伟. PVC 基木塑复合材料力学性能的研究 [J]. 塑料科技，

2011, 39 (2): 48-51.
[22] Yue X P, Chen F G, Zhou X S. Improved interfacial bonding of PVC/wood-flour composites by lignin amine modification [J]. Bioresources, 2011, 6 (2): 2022-2034.
[23] 雷芳，陈福林，岑兰，等. 高木粉填充量 PVC 基复合材料性能的研究 [J]. 聚氯乙烯，2007，(11)：18-21.
[24] Deka B K, Maji T K. Effect of coupling agent and nanoclay on properties of HDPE, LDPE, PP, PVC blend and Phargamites karka nanocomposite [J]. Composites Science and Technology, 2010, 70 (12): 1755-1761.
[25] Pulngern T, Padyenchean C, Rosarpitak V, et al. Flexural and creep strengthening for wood/PVC composite members using flat bar strips [J]. Materials and Design, 2011, 32 (6): 3431-3439.
[26] Mankowski M M, Morrell J J. Patterns of fungal attack in wood plastic composites following exposure in a soil block test [J]. Wood and Fiber Science, 2000, 32 (3): 340-345.
[27] Morrell J J, Stark N M, Pendleton D E, et al. Durability of wood-plastic composites [J]. Wood Design Focus, 2006, 16 (3): 7-10.
[28] Schauwecker C, Morrell J J, McDonald A G. Degradation of a wood-plastic composite exposed under tropical conditions [J]. Forest Products Journal, 2006, 56 (11-12): 123-129.
[29] Silva A, Gartner B L, Morrell J J. Towards the development of accelerated methods for assessing the durability of wood plastic composites [J]. Journal of Testing and Evaluation, 2007, 35 (2): 203-210.
[30] 冯静，施庆珊，黄小茉，等. 木塑复合材料真菌耐久性研究进展 [J]. 塑料工业，2010，S1：26-30.
[31] Wu Q L, Shupe T, Ragon K, et al. Termite resistantproperties of wood plastic composites-AWPA E1 test data [C]. In: Proceedings of the 105th annual meeting of the American wood protection assosiation. Texas: Hyatt Regency Riverwalk San Antonio, 2009.
[32] H'ng P S, Lee A N, Hang C M, et al. Biological durability of injection moulded wood plastic composite boards [J]. Journal of Applied Science, 2011, 11 (2): 384-388.
[33] Chow P, Nakayam F S, Youngquis J A, et al. Durability of wood /plastic composites made from parthenium species [C]. In: Thirty-third annual meeting of the international research group on wood preservation, section 4, processes and properties. Cardiff: Wales, 2002.
[34] Ghaouth A E L. Antifungla activity of chitosan on two posth-arvest pathogens of strawberry fruits [J]. Phytopathology, 1992, 82 (4): 398-402.
[35] 桥本俊郎. 日本食品科学工学会志，1998，45 (6)：368.
[36] 下条学，正木和好，粟田惠辅，等. 日本农艺化学会志，1996，70 (7)：797.
[37] Sudarshan N R, Hoover D G, Knorr D. Antibacterial action of chitosan [J]. Food Biotechnology, 1992, 6 (3): 257-272.

[38] Fang S W, Li C F, Shih D Y C. Antifungal activity of chitosan and its preservative effect on low-sugar candied kumquat [J]. Journal of Food Protection, 1994, 56 (2): 136-140.

[39] Chung Y C, Wang H L, Chen Y M, et al. Effect of abiotic factors on the antibacterial activity of chitosan against waterborne pathogens [J]. Bioresource Technology, 2003, 88 (3): 179-184.

[40] 张惠珍. 不同种类壳聚糖/LDPE 抗菌塑料性能初探 [J]. 塑料工业, 2008, 36 (11): 39-41.

[41] 刘俊龙, 孙振玲. 壳聚糖接枝甲基丙烯酸甲酯在抗菌塑料中的应用 [J]. 塑料科技, 2008, 36 (4): 64-67.

[42] 崔锦峰, 段金龙, 卢军芳, 等. TiO_2/壳聚糖纳米复合材料的抑菌性能研究 [J]. 中国食品工业, 2010, (11): 40-42.

[43] 赵茜, 邱东方, 王晓燕, 等. 壳聚糖/氧化石墨烯纳米复合材料的形态和力学性能研究 [J]. 化学学报, 2011, 69 (10): 1259-1263.

[44] 李伟, 李三喜, 龚军, 等. 聚乙烯/壳聚糖复合材料的研究 [J]. 沈阳化工学院学报, 2006, 20 (14): 268-270.

第2章

异种树种木粉PVC基木塑复合材料的天然生物耐久性

随着木材资源的日益紧张以及传统木质复合材料甲醛释放的影响，木塑复合材料作为一种新型的绿色环保材料被广泛用于人们的生产生活之中，然而木塑复合材料发展初期被人们认为具有优异的天然生物耐久性，随着使用时间的增加而逐渐暴露出问题（见图 2.1）。这是因为从木塑复合材料发展至今，一些研究者总是把木塑复合材料中的“木”质部分认为是一种普通的“填料”，一般都将关注的焦点放在热塑性高分子树脂难题的攻克上面，而在木塑复合材料复合体系的“木”和“塑”两大组分之中，不同的“木”质部分会对相同的复合体系各项性能产生一定的影响，尤其是当“木”质部分的填充量高到一定程度时，此影响将变得更加明显。在现今木塑复合材料成本普遍偏高，木粉填充量普遍偏低的局面下，提高“木”的填充量，制备木塑复合材料以降低其生产成本有望在将来被进一步开发和利用，而随着木粉填充量的增加，木塑复合材料的天然耐久性（如抵抗真菌、霉菌、藻类和白蚁的能力）将受到巨大的考验，如何尽可能避免添加人工防霉和抗白蚁制剂以确保木塑复合材料与生俱来的“绿色、环保、无毒”等优势值得引起重视。

图 2.1　木塑复合材料生物耐久性问题暴露

另一方面，不同种类的木材常含有不同含量和成分的抽提物，木材的抽提物一般常沉积于管胞壁微区及纤维细胞壁微区之中。木材抽提物包含多种类型的天然有机化合物，主要的如多元酚类、树脂酸类、萜类、酯类、碳水化合物等。木材中不同内含物的化学组分会释放不同的气味，有些木材抽提物含有毒性的化学成分，对微生物（如霉菌、细菌、藻类）和有害生物（如白蚁等）具有显著的抵抗能力，反之，另一些内含物则对其产生相反的作用。

本章主要对南方常见的几种树种的木粉，如杉木（*Cunninghamia lanceolata*）、尾巨桉（*Eucalyptus grandis*×*E. urophylla*）、马尾松（*Pinus massoniana*）、枫香（*Liquidambar formosana*）、白千层（*Melaleuca leucadendra*），与PVC复合后的木塑复合材料体系的天然生物耐久性进行对比评价与分析。通过人工模拟加速实验对比，研究异种木质纤维自身及其所制备的填充量相对较高的PVC基木塑复合材料的天然防霉、耐腐、抗藻和抗白蚁性能差异，并采用索氏抽提法提取异种木粉中的化学抽提物，通过气相色谱-质谱联用（GC-MS）分析不同种类木粉抽提物的化学成分及结构与木粉和所对应的复合材料生物耐久性之间的关系，旨在为揭示木塑复合材料天然耐久性差异提供科学依据。

2.1 原材料与性能评价方法

2.1.1 原料

（1）木质原料

杉木，原木为5～8年生，径级为11～15cm；马尾松，原木为5～8年生，径级为14～19cm；尾巨桉，原木为5.5年生，径级16～20cm；枫香，15～20年生，径级25～30cm；白千层，原木为11年生，径级20～25cm。

（2）热塑性树脂及加工助剂

PVC树脂（型号SG-5）；钙-锌复配热稳定剂；复合加工助剂。轻质碳酸钙（$CaCO_3$），粒径1～3μm，密度为2.30～2.50g/cm^3。

（3）腐朽菌

白腐菌：彩绒革盖菌（又名云芝，*Coriolus versicolor*）；褐腐菌：绵腐卧孔菌（*Poria vaporaria*）。

（4）藻类

小球藻（*Chlorella vulgaris*）ATCC11468，丝藻（*Ulothrix* sp）ATCC30443，四尾栅藻（*Scenedesmus quadricauda*）ATCC 11460，颤藻（*Oscillatoria* sp.）ATCC29135。

(5) 霉菌

黑曲霉（*Aspergillus nige*），菌株号 CGMCC 3.5487；球毛壳霉（*Chaetomium globosum*），菌株号 CGMCC 3.3601；绳状青霉（*Penicillium funiculosum*），菌株号 CGMCC 3.3875；出芽短梗霉（*Aureobasidium pullulans*），菌株号 CGMCC 3.837；绿色木霉（*Trichoderma viride*），菌株号 CGMCC 3.2941。

(6) 白蚁

台湾乳白蚁（*Coptotermes formosanus* Shiraki）采集自广州龙洞火炉山野外诱集，并已经保证实验用的白蚁取自同一个诱杀坑或同一个蚁巢。

(7) 其他原料

磷酸二氢钾（KH_2PO_4），分析纯；硫酸镁（$MgSO_4 \cdot 7H_2O$），分析纯；硝酸铵（NH_4NO_3），分析纯；硝酸钾（KNO_3），分析纯；甲乙二胺四乙酸二钠（EDTA-2Na），分析纯；硼酸（H_3BO_3），分析纯；硫酸亚铁（$FeSO_4 \cdot 7H_2O$），分析纯；硫酸锌（$ZnSO_4 \cdot 7H_2O$）；硫酸锰（$MnSO_4 \cdot H_2O$）；磷酸氢二钾（K_2HPO_4），分析纯；马铃薯、蔗糖、琼脂。

2.1.2 实验仪器

实验中的主要仪器设备见表 2.1。

表 2.1 实验设备一览表

仪器名称	型号
立式压力蒸汽灭菌器	LDZX-50KBS
恒温培养箱	DHP-360
同向双螺杆挤出机	SHJ-20
锥形双螺杆挤出机	LSE-35
高速混合机	SHR-10A
万能制样机	ZHY-W
索氏抽提器	—
气相色谱-质谱联用仪(GC-MS)	6890N-5975C

2.1.3 制备及性能评价

(1) 异种树种木粉 PVC 基木塑复合材料的制备

将各种木种的木粉颗粒尺寸范围控制在一定目数范围，并将其烘干，按照表 2.2 各组分比例制备异种树种木粉 PVC 基木塑复合材料。

表 2.2 异种树种木粉 PVC 基 WPC 各组分比例

名称	PVC 树脂	钙-锌复配稳定剂	复合润滑剂	加工助剂	木粉
配比/份	100	4	0.8	5	100

（2）异种树种木粉 PVC 基木塑复合材料天然耐腐性评价

① 培养基的配制　藻类液体培养基：硝酸钾 1.25g/L，磷酸二氢钾 1.25g/L，硫酸镁 0.49g/L，甲乙二胺四乙酸二钠 0.5g/L，硼酸 0.1g/L，微量元素 0.21g/L。将藻类液体培养基按配方加入蒸馏水中，搅拌溶解均匀后，分装至 250mL 三角瓶中，然后于 121℃灭菌 30min 后得藻类液体培养基。向藻类液体培养基中加入 1.5%的琼脂则得到藻类固体培养基。

② 耐腐性评价　将制备好的不同组别的木塑复合材料试样分别编号并于（100±5）℃烘至恒重后称重，将其用纱布包裹后于 121℃灭菌 15～20min，冷却后分别放入已培养好的培养瓶中。参照国家标准《木材耐久性 第 1 部分：天然耐腐性实验室试验方法》（GB/T 13942.1—2009），经过培养基配制、灭菌处理并进行菌种接种几个步骤，然后将接种后的三角瓶置于温度（28±2）℃、相对湿度 75%～85%的培养箱中培养 10d 左右，待瓶内的培养基表面长满菌丝时放入试样。经过实验 12 周后，将木塑复合材料试样取出，轻轻刮去表面菌丝和杂质，在（100±5）℃烘箱中烘至恒重后，对每块试样分别称重。按式(2.1）计算试样的质量损失率。每次处理设置 3 个重复，每个重复用一个三角瓶，其内放置 2 个试块。同时以黄槿（*Hibiscus tiliaceus L*）为对照试样。经腐朽实验后，对照试样的质量损失率应达到 25%以上，否则应重新实验。

$$ML=\frac{W_0-W_1}{W_0}\times 100\% \qquad (2.1)$$

式中，ML 是质量损失率，%；W_0 是实验前试样的质量，g；W_1 是实验后试样的质量，g。

表 2.3 为材料耐腐等级的参考评价标准。

表 2.3 耐腐等级评价表

等级	对真菌的耐腐等级	平均质量损失率/%
1	强耐腐	0～10
2	耐腐	11～24
3	稍耐腐	25～44
4	不耐腐	≥45

(3) 异种树种木粉 PVC 基木塑复合材料天然抗藻性评价

参照国家标准《漆膜抗藻性测定法》(GB/T 21353—2008) 进行，具体如下。

① 藻种的转种及保存　储存的藻种每两个月应转种一次，转种次数不超过 10 代，藻种在自然光室温下保存。

② 藻种液的制备　用无菌枪头分别吸取供试的四种藻种液各 1mL 于 100mL 藻类液体培养基中，于温度 (25±2)℃、光照强度为 1000～3000lx、相对湿度≥80%的光照培养箱中培养 10～14d，然后调整每种藻的含量为 $(1\sim9)\times10^6$CFU/mL，然后将每种藻液等体积混合均匀后作为藻类接种液，并立即使用，以保证接种液以新鲜状态接种。

③ 喷雾接种　将已分别编号、称重并于 121℃灭菌处理 30min 并冷却后的木塑试样和对照试样 (PE 膜除外) 分别放入无菌培养皿中，将配制好的藻类固体培养基熔化并冷却至 45～50℃后，徐徐倒入已放置有供试材料的无菌培养皿中，至培养基没过试样约 2/3 处，然后于室温冷却至凝固后备用。而 PE 膜则应先将培养基倒入无菌培养皿中，待室温冷却凝固后再将 PE 膜轻轻放入已凝固的藻类固体培养基上。用层析喷雾器将制备好的混合藻种液均匀喷雾接种到供试样品的表面，接种液需均匀分布于样品的整个表面。

④ 培养　将接种后的样品放入恒温恒湿光照培养箱中 [温度 (25±2)℃、光照强度为 1000～3000lx、相对湿度≥80%]，每天光照时间为 14h，在第 7 天检查时，培养皿中培养基表面应明显观察到藻类生长 (有绿色培养物)，否则实验无效，需要重新进行实验。样品表面保持湿润 (实验过程中喷洒藻类液体培养基)，并记录样品及培养皿中藻类的生长情况。继续培养到 21 天，观察并记录实验结果。对处理后的样品进行称重，按式 (2.1) 计算样品的质量损失率。

⑤ 结果评价　待试验结束后，肉眼观察木塑材料表面藻类生长情况，并按表 2.4 所述等级评定样品表面藻类的生长情况。

表 2.4　藻类生长等级评定表

样品上藻类生长情况	等级
未生长	0
微量生长(生长面积 $S<10\%$)	1
轻微生长(生长面积 S 为 10%～30%)	2
中度生长(生长面积 S 为 30%～60%)	3
重度生长(生长面积 $S\geq60\%$)	4

(4) 异种树种木粉 PVC 基木塑复合材料天然防霉性评价

培养基、试剂和混合孢子液的制备和样品防霉性能分析方法参考美国标准 ASTM G21 中的方法，具体操作如下所述。

① 营养盐培养基和营养盐溶液制备　营养盐培养基和营养盐溶液主要用于稀释孢子液，按照标准中将用于配制营养盐培养基和营养盐溶液的试剂加热溶解，用 0.01mol/L NaOH 溶液调 pH 值达到 6.0～6.5，分装，使用压力蒸汽灭菌器在 121℃下高压灭菌 20min。

② 马铃薯-蔗糖培养基制备　马铃薯-蔗糖培养基主要用于培养霉菌，按照标准中的配比，取新鲜无霉烂的马铃薯，去皮切片，在蒸馏水中煮沸 20min 后过滤，取汁后加入其余组分，定容，试管分装，使用压力蒸汽灭菌器在 121℃下高压灭菌 20min，趁热取出试管并倾斜摆放，自然凝固成斜面后，存放备用。

③ 混合孢子液制备　分别将黑曲霉、球毛壳霉、绳状青霉、出芽短梗霉和绿色木霉各自接种于马铃薯-葡萄糖培养基于 (28±2)℃培养箱中培养至斜面长满孢子，在无菌条件下，用接种环分别刮取一定量各霉菌孢子，再分别接种于马铃薯-葡萄糖培养基上，于 (28±2)℃的培养箱中培养至表面长满孢子，向试管中加入 10mL 无菌水，用接种环在无菌操作条件下轻轻地刮取霉菌培养物表面的孢子，制成孢子悬浮液，将孢子悬浮液倒入无菌锥形瓶中，用力振荡锥形瓶以打散孢子团并使孢子从子实体中释放出来。将带有无菌玻璃棉的玻璃漏斗置于无菌锥形瓶上，把振荡后的孢子悬浮液倒入漏斗内过滤，以除去菌丝和培养基碎片。无菌条件下用离心机以 4000r/min 的转速离心已过滤的孢子悬浮液，去掉上清液，将孢子沉淀物用 50mL 无菌水重新制作悬浮液并再离心。清洗孢子 3 次，将清洗离心之后的孢子沉淀物用营养盐溶液稀释，用血球计数板测定孢子含量，使悬浮液中的孢子含量为 1.0×10^{6}～5.0×10^{6}CFU/mL。最后将每种霉菌均重复以上操作，并等量混合，获得混合孢子悬浮液。

④ 天然木粉及复合材料防霉性能测试　把木粉和制备好的木塑复合材料烘干、灭菌后，分别喷上适量水分，然后用灭菌后的喷雾器向每个试样表面和培养基表面均匀喷洒定量混合霉菌孢子悬浮液，使整个试样表面和培养基表面湿润，盖好已接种的实验样品的平皿，并将它置于温度 (28±2)℃、相对湿度≥85%的条件下培养一段时间后取出观察，根据标准分级。

(5) 异种树种木粉 PVC 基木塑复合材料天然抗白蚁性评价

参考国家标准《木材防腐剂对白蚁毒效实验室试验方法》(GB/T 18260—2000) 中的部分方法，首先将烧杯洗净、烘干，然后将预先准备的 230g 河砂分别放入各组对应的烧杯内，用小木片轻轻抹平杯底河砂并加入 80mL 蒸馏水。为保持河砂表面平整，可用玻璃棒从容器边缘将水缓慢倒入。河砂表面平行放置两条预先准备好的隔离用的塑料隔条，两棒间距离约为 25mm，静置 12h。

将已制备好且称好初重的复合材料试块放于两个平行的塑料隔条上，使试块底面与河砂表面保持 4～5mm 的距离，之后向每一烧杯中放入 5g（精确至 0.05g）白蚁，并置于温度（28±2)℃，相对湿度 75%～80%的环境下人工培养 10～12 周。

实验结束后将试块从烧杯中取出，并清除表面杂质，然后根据标准评定蛀蚀等级，同时计算样品测试前后的质量损失率，实验共进行 3 次重复。

（6）异种树种木粉内含物化学成分分析

将各种木种的木粉（颗粒尺寸控制在 40～60 目）分别称量 3g，用滤纸包装好放入对应的提取管中待用，选用苯和乙醇两种抽提溶剂混合，并进行索氏抽提，抽提完成后将提取瓶中提取液装入试剂瓶待用。

采用美国 Agilent 公司生产的仪器型号为 6890N-5975C 气相色谱质谱仪(GC-MS)，对不同树种木粉的苯醇抽提物进行定量分析。采用 Agilent 公司生产的 DB-5MS 毛细管石英色谱柱，柱长 30m，内径 0.25mm，膜厚 0.25μm。DB-5MS 柱色谱分析条件：进样口温度 290℃，脉冲不分流进样，进样量 1μL，载气 He，柱流量 1.2mL/min，GC-MS 接口温度 300℃。质谱条件：电离源 EI，电子能量 70eV，离子源温度 230℃，四级杆温度 150℃，扫描范围 30～500amu。通过 Aglient MDS 化学工作站数据处理系统，采用面积归一法进行定量分析，分别求得各个化学成分在抽提物中的相对百分含量。抽提物化学成分的定性通过 NIST11 标准质谱图库，并结合有关文献进行人工谱图解析复核，以确认所测木粉样品抽提物的各个化学成分。

2.2 异种树种木粉 PVC 基木塑复合材料天然耐腐性能

图 2.2 和图 2.3 分别为异种树种木粉 PVC 基木塑复合材料对彩绒革盖菌和绵腐卧孔菌耐腐性能的直观图和质量损失率图。

由图 2.2 可见，不同组别复合材料试样的表面和侧面均会受两种腐朽菌的侵袭，但各组别试样对同一腐朽菌种的耐腐性有所差别，所受侵袭程度不一。结合图 2.2 (a)，与图 2.3 的质量损失率可知，杉木/PVC 复合材料对彩绒革盖菌的耐腐性最佳，质量损失率仅为 0.54%；其次为马尾松/PVC 复合材料，其耐腐性良好，质量损失率在 2%以下；而白千层/PVC、枫香/PVC

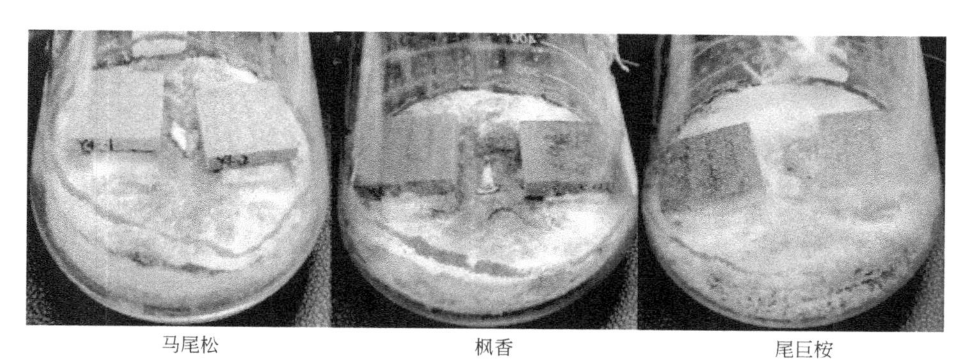

马尾松　　　　枫香　　　　尾巨桉

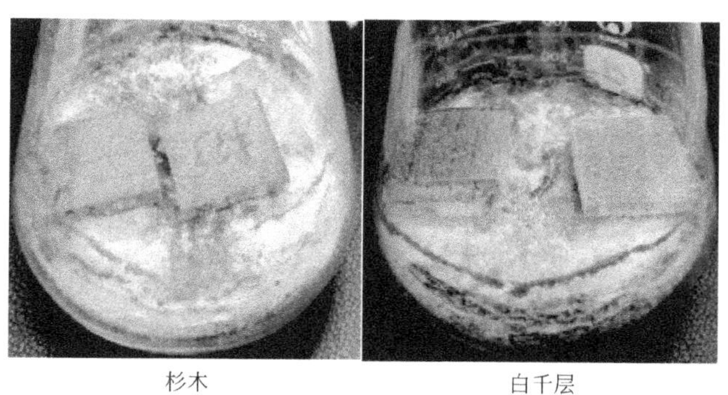

杉木　　　　白千层

(a) 对彩绒革盖菌测试

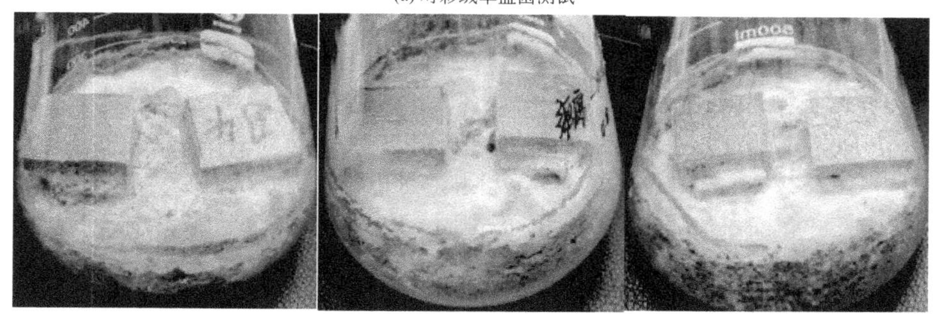

马尾松　　　　枫香　　　　尾巨桉

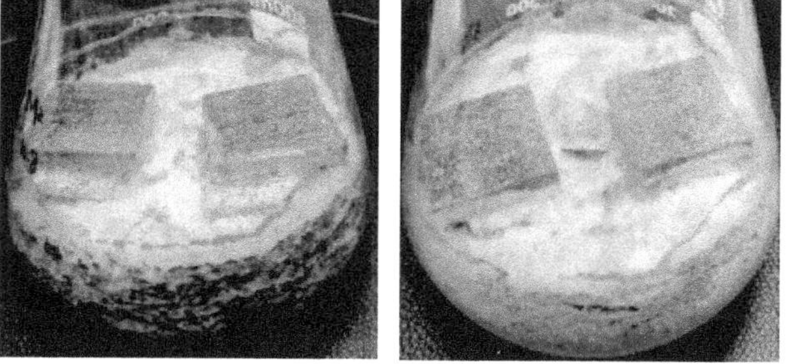

杉木　　　　白千层

(b) 对绵腐卧孔菌测试

图 2.2　异种树种木粉 PVC 基木塑复合材料对彩绒革盖菌和绵腐卧孔菌耐腐性直观图

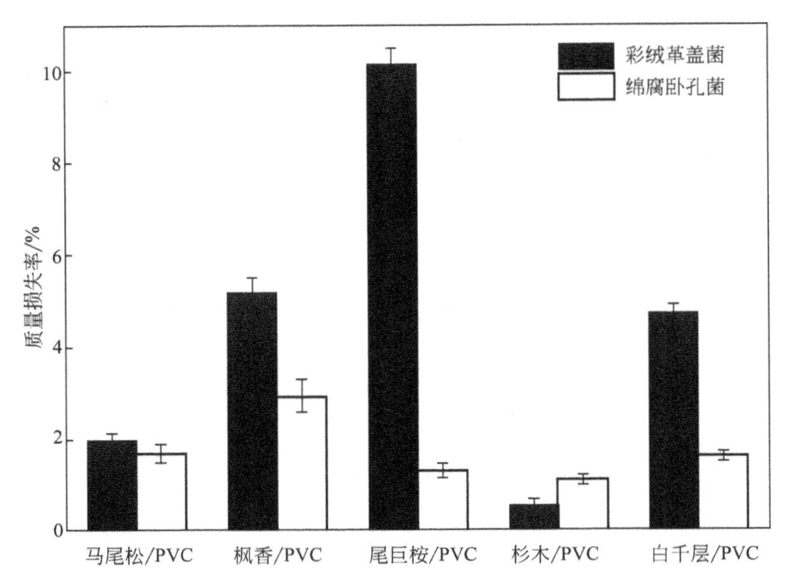

图 2.3 异种树种木粉 PVC 基木塑复合材料对彩绒革盖菌和绵腐卧孔菌质量损失率

复合材料的耐腐性中等，质量损失率在 4%～6%之间，尾巨桉/PVC 复合材料对彩绒革盖菌的耐腐性最差，质量损失率高达 10.14%。杉木/PVC 复合材料对绵腐卧孔菌的耐腐性也同样最优，质量损失率为 1.09%；尾巨桉/PVC、白千层/PVC、马尾松/PVC 复合材料对该菌种的耐腐性次之，且各组间差异不大；枫香/PVC 复合材料对该菌种的耐腐性相对较差，质量损失率为 2.93%。这可能是由于不同木种中纤维素、半纤维素和木质素的组成比例有所差异及其不同木种的内含物成分各异，使得不同的腐朽真菌偏好不同。

根据上述分析并参照表 2.5 耐腐分级可知，在所选用的几种木粉所制备的 PVC 基木塑复合材料试样中，除了尾巨桉/PVC 复合材料对彩绒革盖菌的耐腐等级为 2 级外，其耐腐性基本都能达到强耐腐（1 级）的状态，从而证实了木塑复合材料试样的耐腐性总体高于普通的实木材料。但木塑复合材料由于所选用的木粉树种不同，也会影响试样对不同真菌的耐腐性，建议木塑复合材料不同的实际应用场合应考虑木种选择以获得耐腐性相对更优的制品。

表 2.5 异种树种木粉 PVC 基木塑复合材料对彩绒革盖菌和绵腐卧孔菌耐腐等级

组别	耐腐等级(彩绒革盖菌)	耐腐等级(绵腐卧孔菌)
马尾松/PVC	1 级 强耐腐	1 级 强耐腐
枫香/PVC	1 级 强耐腐	1 级 强耐腐
尾巨桉/PVC	2 级 耐腐	1 级 强耐腐
杉木/PVC	1 级 强耐腐	1 级 强耐腐
白千层/PVC	1 级 强耐腐	1 级 强耐腐

为进一步分析上述对比的结果，选取了不同树种木粉/PVC复合材料对彩绒革盖菌耐腐测试后试样的表面和内部截面进行SEM观察，其结果如图2.4所示。

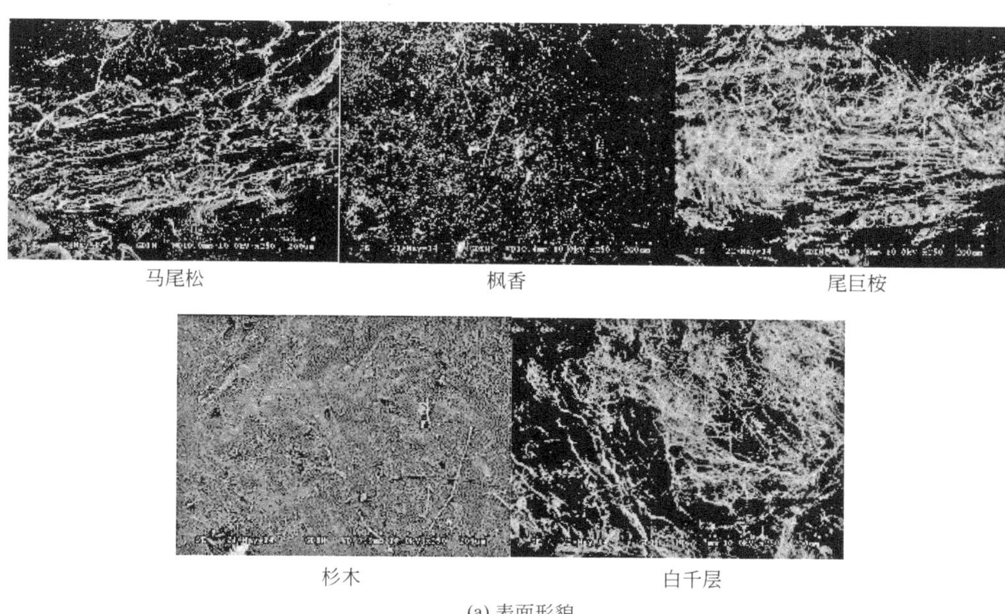

马尾松　　枫香　　尾巨桉

杉木　　白千层

(a) 表面形貌

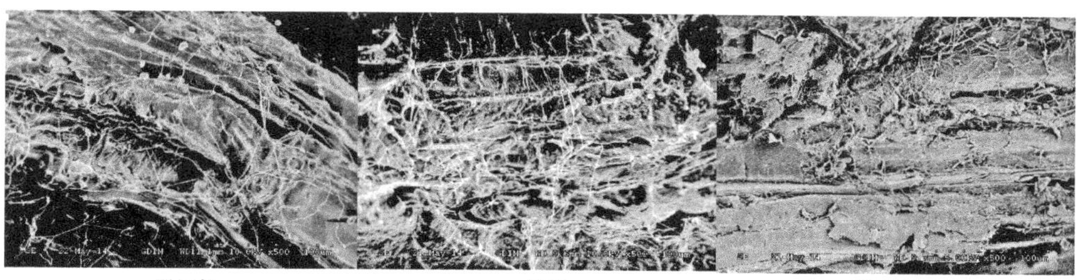

马尾松　　枫香　　尾巨桉

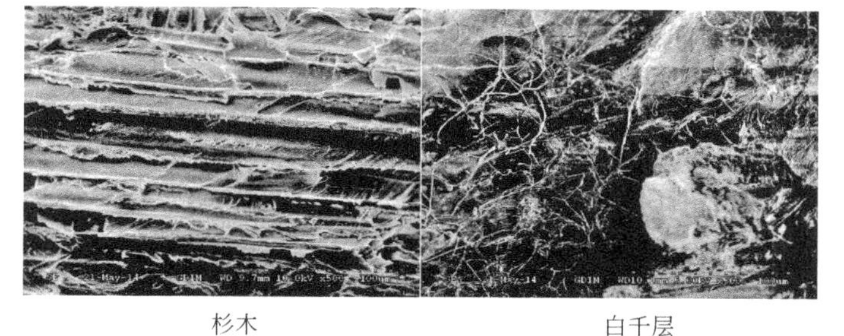

杉木　　白千层

(b) 内部断裂形貌

图2.4　异种树种木粉PVC基木塑复合材料耐腐测试后微观形貌

由图 2.4（a）可知，异种树种木粉 PVC 基木塑复合材料表面均观察到不同程度的腐朽真菌侵袭，其中尾巨桉/PVC 复合材料表面受腐朽真菌侵袭最为严重，杉木/PVC、马尾松/PVC 复合材料表面受到的真菌侵袭较少，其他组别的试样也基本和先前分析的耐腐性相一致。

由图 2.4（b）进一步可知，木塑复合材料中虽然大部分的木粉颗粒均被 PVC 树脂所包裹，起到了一定程度的保护作用，但供试的腐朽真菌菌丝仍可通过木粉和 PVC 树脂界面结合疏松和空隙逐渐进入到复合材料的内部对其进行破坏，且这种破坏随着时间的延长逐渐加剧。在实验中，仅有杉木/PVC 复合材料的内部没有受到腐朽真菌的影响，而其他组别的复合材料内部均受到了不同程度腐朽真菌菌丝的侵袭，尾巨桉和白千层/PVC 复合材料较为严重，这也从另一个角度说明了杉木树种的天然抗菌、耐腐功效发挥了作用，可能在真菌进入材料内部的过程中，对其产生了抗菌抑菌作用，使得真菌菌丝难以存活，这也从微观角度解释了杉木/PVC 复合材料质量损失率最低且耐腐性强的原因。

2.3 异种树种木粉 PVC 基木塑复合材料天然抗藻性能

图 2.5 是异种树种木粉抗藻性能比较图。

由图 2.5 可知，不同树种木粉/PVC 复合材料的抗藻性有明显差异。尾巨桉/PVC、马尾松/PVC 复合材料的表面被藻类覆盖较为严重［图 2.5（c）和图 2.5（d）］，均为 4 级抗性水平，这意味着它们在抵抗藻类生长方面表现出较差的能力。杉木/PVC 复合材料［图 2.5（b）］和白千层/PVC 复合材料［图 2.5（e）］样品的藻类生长相对较低，其抗性水平均为 2 级。枫香/PVC 复合材料［图 2.5（a）］显示出最佳的抗藻性能，对应的抗性水平为 1 级。

不同树种制备的 PVC 基木塑复合材料样品的质量变化率见表 2.6。由表 2.6 可观察到，所有组别的质量变化率均出现负值，这表明藻类的侵蚀不会降低样品的质量。但是，样品的质量会随着测试时间的增加而逐渐增加，这是由于在测试过程中样品长时间浸泡产生一定的吸水现象。

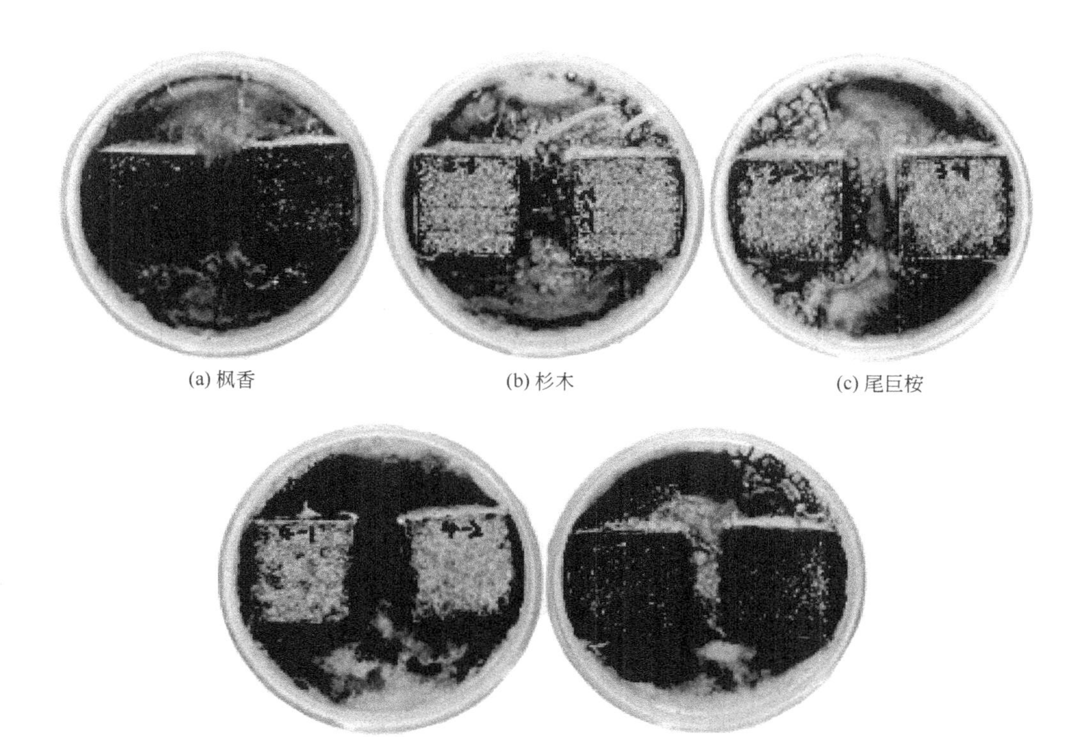

(a) 枫香　(b) 杉木　(c) 尾巨桉

(d) 马尾松　(e) 白千层

图 2.5　异种树种木粉 PVC 基木塑复合材料抗藻性能测试结果图

表 2.6　异种树种木粉 PVC 基木塑复合材料抗藻等级评价

组别	抗藻等级	质量变化率/%
枫香/PVC	1	−13.64±0.73
杉木/PVC	2	−7.17±0.20
尾巨桉/PVC	4	−18.80±0.66
马尾松/PVC	4	−11.43±0.98
白千层/PVC	2	−15.47±1.14

图 2.6 为异种树种木粉 PVC 基木塑复合材料抗藻测试 SEM 图。如图 2.6 所示，不同树种木粉的木塑复合材料样品表面均会受藻类侵蚀，且藻类孢子以聚集形态出现，但异种树种木粉制备的木塑复合材料表面藻类孢子的覆盖区域大小不同，见图 2.6（a）。从内部断裂形貌图 2.6（b）中注意到：不同树种制备的木塑复合材料的内部断裂层上发现有极少量的菌丝和孢子。尽管木粉颗粒和热塑性树脂之间只有很少的微孔，但由于在生长

过程中形成并聚集，孢子和菌丝难以通过木塑复合材料的界面孔隙进入样品。因此，藻类微生物主要影响木塑复合材料样品的外观，而不影响内部结构和质量。

图 2.6 异种树种木粉 PVC 基木塑复合材料抗藻测试 SEM 图

2.4 异种树种木粉 PVC 基木塑复合材料天然防霉性能

2.4.1 天然木粉防霉性能

不同的木质原料由于其内部化学成分各异，易对其本身的天然防霉性能产生影响，在评价各自对应的木塑复合材料的防霉性能之前有针对性地评价不同木粉的天然防霉性能，对后续的解释起到关键性的铺垫作用。图2.7为杉木、白千层、尾巨桉、马尾松、枫香等不同种类木粉防霉性能比较图，如图所示，不同种类的木粉对所测试的霉菌种类表现不同的抵抗能力，其中以杉木和白千层的木粉防霉效果较佳，在人工培养一段时间后未发现任何霉菌生长；其次为尾巨桉和马尾松，木粉表面虽发现霉菌，但覆盖面积较小；而枫香防霉效果较差，霉菌生长面积较大。

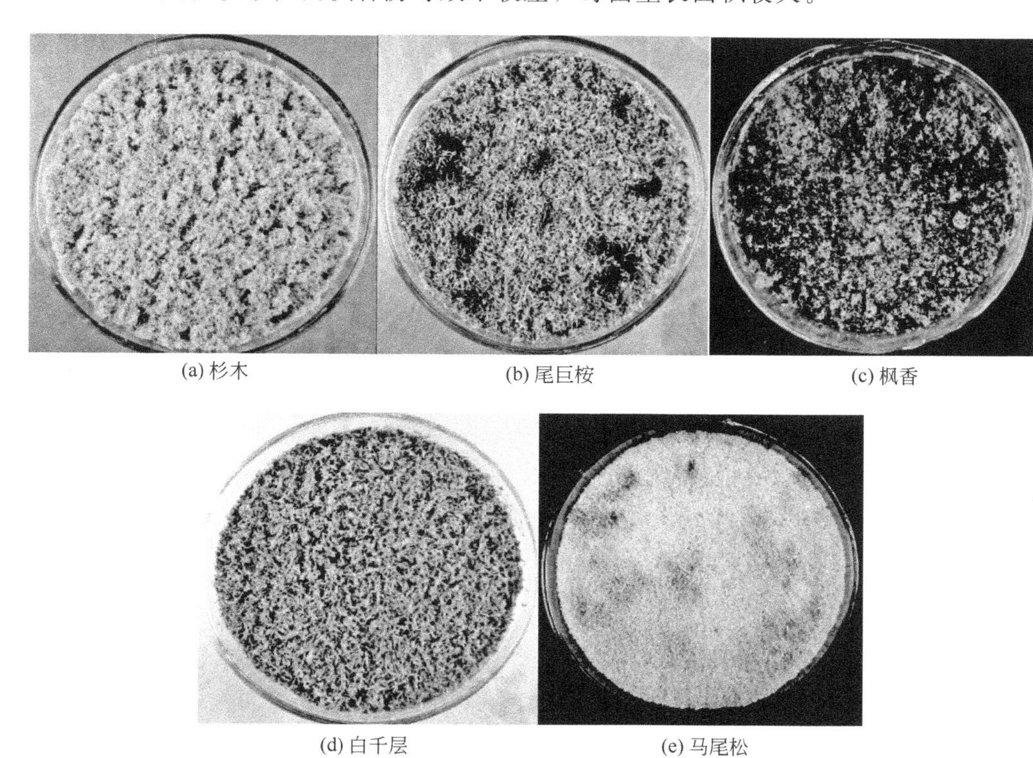

(a) 杉木　(b) 尾巨桉　(c) 枫香

(d) 白千层　(e) 马尾松

图 2.7　异种树种木粉防霉性能测试结果图

根据表2.7不同种类的木粉防霉等级评价的具体数据可知，各种木粉的被害值随着时间的增加而相应增加，在28d测试结束时，枫香木粉的被害值最高，均为4级；马尾松和尾巨桉次之，被害值分别为3级和2级；杉木和白千层被害值仅为0级，这能推断出是由于不同树种木粉的化学抽提物的成分和含量差异，其内在机理和缘由将在GC-MS部分进一步阐明。

表 2.7 异种树种木粉防霉等级评价

木粉种类	被害值		
	处理 5d	处理 14d	处理 28d
杉木	0	0	0
白千层	0	0	0
尾巨桉	0	1	2
马尾松	0	1	3
枫香	2	4	4

2.4.2 异种树种木粉 PVC 基木塑复合材料天然防霉性分析

异种树种木粉 PVC 基木塑复合材料天然防霉性能见图 2.8 和表 2.8。

(a) 杉木　(b) 尾巨桉　(c) 枫香

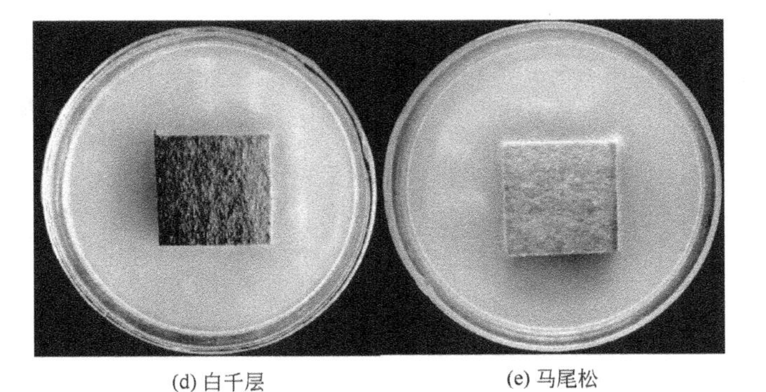

(d) 白千层　(e) 马尾松

图 2.8 异种树种木粉 PVC 基木塑复合材料防霉性能测试结果图

表 2.8　异种树种木粉 PVC 基木塑复合材料防霉性能等级

组别	被害值		
	处理 5d	处理 14d	处理 28d
杉木/PVC	0	0	0
白千层/PVC	0	0	0
尾巨桉/PVC	0	1	1
马尾松/PVC	0	1	2
枫香/PVC	2	3	4

如图 2.8 所示，异种树种木粉 PVC 基木塑复合材料防霉性能也存在明显的差异，杉木/PVC 和白千层/PVC 复合材料样品的发霉情况较轻微，几乎看不到发霉的迹象；尾巨桉/PVC 和马尾松/PVC 复合材料仅四周发现少量霉菌；枫香/PVC 复合材料样品表面及四周发霉情况极其严重，霉菌几乎覆盖了测试样品所有表面及侧面部分，甚至影响了复合材料样品的色泽。

根据表 2.8 的具体数据分析也可知，杉木/PVC 和白千层/PVC 复合材料样品的 28d 被害值均为 0 级；尾巨桉/PVC 和马尾松/PVC 复合材料样品的 28d 被害值分别为 1 级和 2 级；枫香/PVC 复合材料样品 28d 的被害值为 4 级，该结果与不同树种木粉的防霉性能分析几乎完全一致。但值得留意的是，经过复合制备后，部分样品的被害值在同样的时间范围下有所降低，约降低 1 个等级。例如，枫香/PVC 复合材料样品在同样处理 5d 的情况下由 4 级降至 3 级；马尾松/PVC 和尾巨桉/PVC 复合材料样品在同样处理 28d 的情况下分别由 3 级和 2 级降至 2 级和 1 级，这是由于 PVC 树脂在挤出加工熔融时较好地包覆在木粉表面，使得冷却成型后样品中的木粉接触外部环境的风险和概率相应降低，对霉菌侵蚀复合样品表面产生一定的屏障效应，复合材料样品的天然防霉性能得到提升，该实验结果也再次证实了木粉对木塑复合材料的霉菌抵抗能力有较大影响。

2.5 异种树种木粉 PVC 基木塑复合材料天然抗白蚁性

图 2.9～图 2.13 为异种树种木粉 PVC 基木塑复合材料的天然抗白蚁性能测试结果（含表面及侧面）。从图中可以明显地观察出在同样的复合物料配方下，木粉种类的不同对 PVC 基木塑复合材料的天然抗白蚁性能的差异影响甚大，究其原因是在热塑性树脂的包裹下，白蚁虽然看似难以进

行取食，但由于其强大的啃食能力以及其消化道酶系统对纤维素的高效分解作用和不同木种内含物的化学成分及气味对白蚁诱使作用的差异，使得木塑复合材料的最表层树脂对木质纤维的包裹厚度层有限，在一定数量白蚁爬、抓、啃食等的行为促使下导致表层木质纤维逐渐暴露，白蚁啃食作用增强，材料开始受到破坏，随着时间延长，破坏程度加剧。

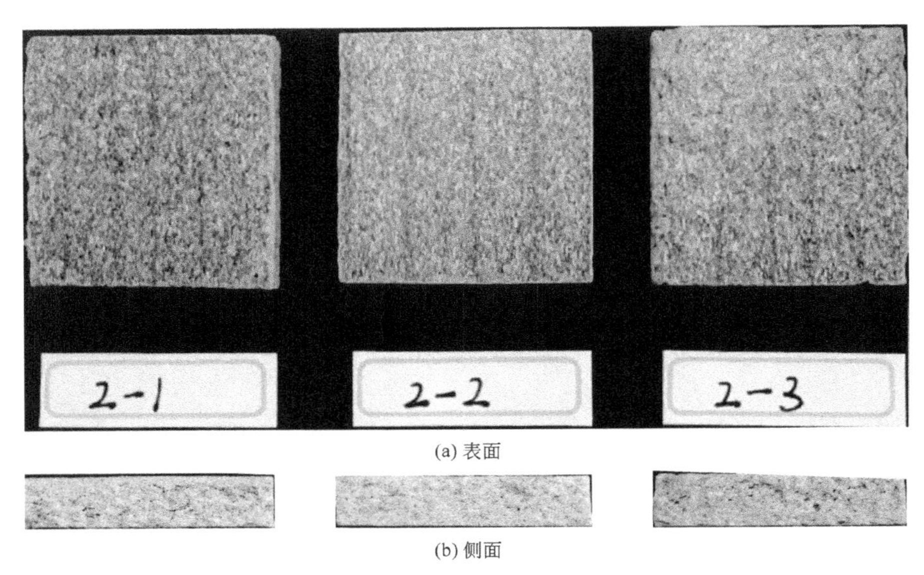

(a) 表面

(b) 侧面

图 2.9　杉木/PVC 复合材料抗白蚁性能测试结果

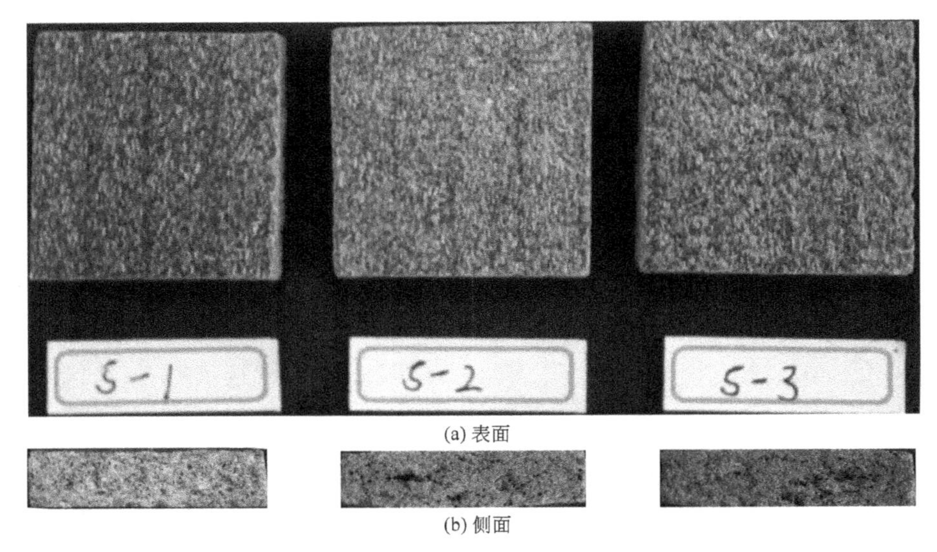

(a) 表面

(b) 侧面

图 2.10　白千层/PVC 复合材料抗白蚁性能测试结果

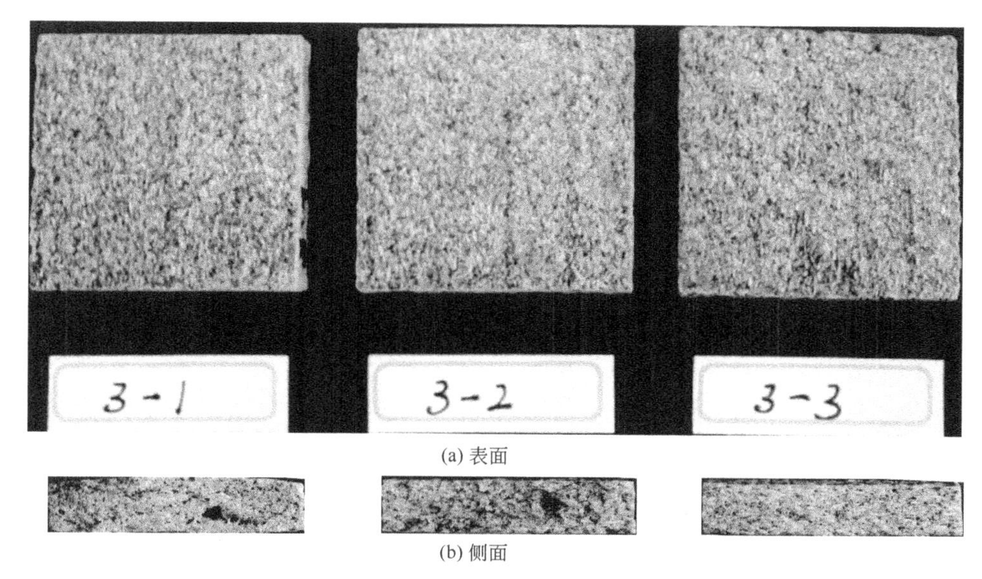

(a) 表面

(b) 侧面

图 2.11 尾巨桉/PVC 复合材料抗白蚁性能测试结果

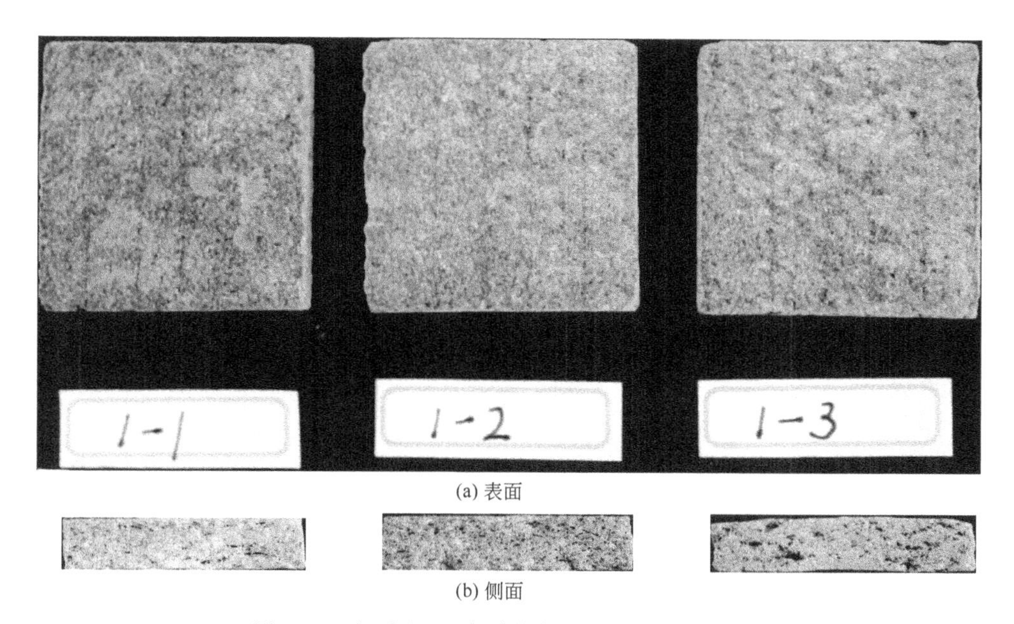

(a) 表面

(b) 侧面

图 2.12 枫香/PVC 复合材料抗白蚁性能测试结果

根据 GB/T 18260—2000 的分等要求，表 2.9 详细地列出了异种树种木粉 PVC 基木塑复合材料抗白蚁性能的蛀蚀等级。其中，杉木/PVC、白千层/PVC 及尾巨桉/PVC 复合材料样品的被蛀蚀等级最低，仅为 1 级。结合图 2.9～图 2.11 的表面和侧面视图可以发现，几种样品表面仅有白蚁

(a) 表面

(b) 侧面

图 2.13　马尾松/PVC 复合材料抗白蚁性能测试结果

轻微蛀蚀的齿痕，侧面也较为平整且无空洞；枫香/PVC 和马尾松/PVC 复合材料样品的被蛀蚀等级其次，均为 2 级；结合图 2.12 和图 2.13 可看出，样品白蚁蛀蚀的齿痕加剧，表面及侧面见少量蛀蚀部位深及 0.5mm，但范围直径不超过 3mm。

表 2.9　异种树种木粉 PVC 基木塑复合材料抗白蚁性能的蛀蚀等级

组别	被蛀蚀等级	具体表观描述
杉木/PVC	1	样品表面仅有白蚁轻微蛀蚀的齿痕
白千层/PVC	1	样品表面仅有白蚁轻微蛀蚀的齿痕
尾巨桉/PVC	1	样品表面仅有白蚁轻微蛀蚀的齿痕
马尾松/PVC	2	样品有白蚁轻微蛀蚀的齿痕，表面仅见 2 个蛀蚀部位深及 0.5mm，但范围直径不超过 3mm
枫香/PVC	2	样品有白蚁轻微蛀蚀的齿痕，表面仅见 2 个蛀蚀部位深及 0.5mm，但范围直径不超过 3mm

此外，根据表 2.10 异种树种木粉 PVC 基木塑复合材料白蚁测试前后质量差异分析也可知，杉木/PVC、白千层/PVC、尾巨桉/PVC、枫香/PVC、马尾松/PVC 复合材料样品在白蚁蛀蚀前后各自的质量损失率分别为 4.52%、5.73%、6.48%、6.72%、7.08%，这也与上述各项分析结果相吻合，也与各组木塑复合材料间的防霉性能差异分析基本一致，只是马尾松和枫香的顺序略有不同，这与白蚁惯常喜好马尾松为食物有关，这些

结果都再次印证了木质纤维种类对木塑复合材料抗白蚁性能会产生显著的影响。进一步的差异性机理解释也将在GC-MS的分析中说明。

表2.10 异种树种木粉PVC基木塑复合材料白蚁测试前后质量差异

组别	啃食前样品质量/g			啃食后样品质量/g			平均质量损失率/%
	1#	2#	3#	1#	2#	3#	
杉木/PVC	6.6585	6.5953	6.6885	6.4922	6.2605	6.2876	4.52±1.81
白千层/PVC	6.5432	6.7369	6.8604	6.2043	6.3365	6.4451	5.73±0.48
尾巨桉/PVC	6.8921	6.9171	6.9762	6.4571	6.4562	6.5254	6.48±0.18
马尾松/PVC	6.9487	7.0239	6.8802	6.4625	6.5427	6.3721	7.08±0.28
枫香/PVC	7.1361	7.1198	7.0853	6.6682	6.6253	6.613	6.72±0.20

2.6 异种树种木粉内含物对PVC基木塑复合材料天然生物耐久性的影响

如图2.14所示，杉木粉的苯醇抽提物的GC-MS总离子流共有5个峰，各峰的质谱数据，通过NIST11标准谱库并结合相关文献数据进行查找识别。

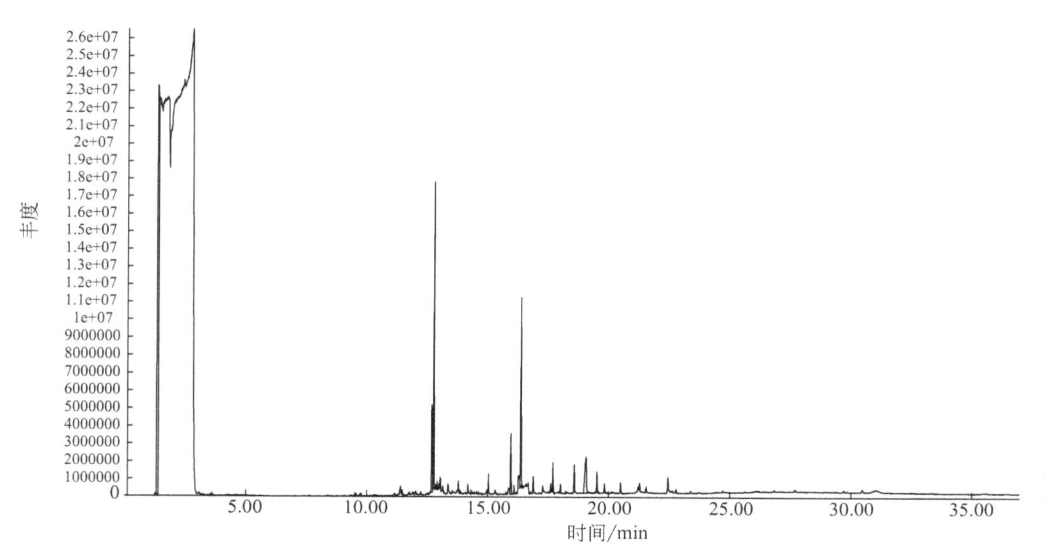

图2.14 杉木粉苯醇抽提物GC-MS总离子流图

根据表2.11中所列出的具体数据可知，它们分别是8-丙氧基柏木烷(53.587%)、泪杉醇（又叫迈诺醇，8.071%)、杉木烯（25.765%)、

m-苯乙基氰苯（12.577%）。其中的8-丙氧基柏木烷、泪杉醇、杉木烯等都是具有杀菌、抑菌能力的化学物质，其总含量约90%，这能够进一步解释杉木粉及其所制备的木塑复合材料的较强天然防霉菌及抗白蚁的能力。

表2.11　杉木粉苯醇抽提物化学组分及相对含量

峰号	保留时间/min	抽提物名称	相对含量/%
1	12.677	8-丙氧基柏木烷	19.848
2	12.761	8-丙氧基柏木烷	33.739
3	15.961	泪杉醇	8.071
4	16.37	杉木烯	25.765
5	19.055	*m*-苯乙基氰苯	12.577

如图2.15所示，白千层木粉苯醇抽提物的GC-MS总离子流共有16个峰，各峰的质谱数据，通过NIST11标准谱库并结合相关文献数据进行查找识别。根据表2.12中所列出的具体数据可知，它们分别是1-丙氧基-2-异丙醇（2.990%）、1-(2-乙丙氧基)-2-异丙醇（17.947%）、2-丁基-1,1二甲基肼（9.933%）、丙烯酸2-乙基己基酯（1.278%）、2-(三甲基硅烷氨-3甲基硅氧烷基）雌二醇-1,3,5(10)-三四乙胺-17酮（2.141%）、1*a*,2,3,5,6,7,7*a*,7*b*-八氢-1,1,7,7*a*-四甲基-［1*aR*-(1*aα*,7*a*,7*aa*,7*bα*)］-1*H*-环丙烷［*a*］萘（0.984%）、*α*,3,4-三甲基硅氧烷基苯乙酸甲酯（1.714%）、十九烷

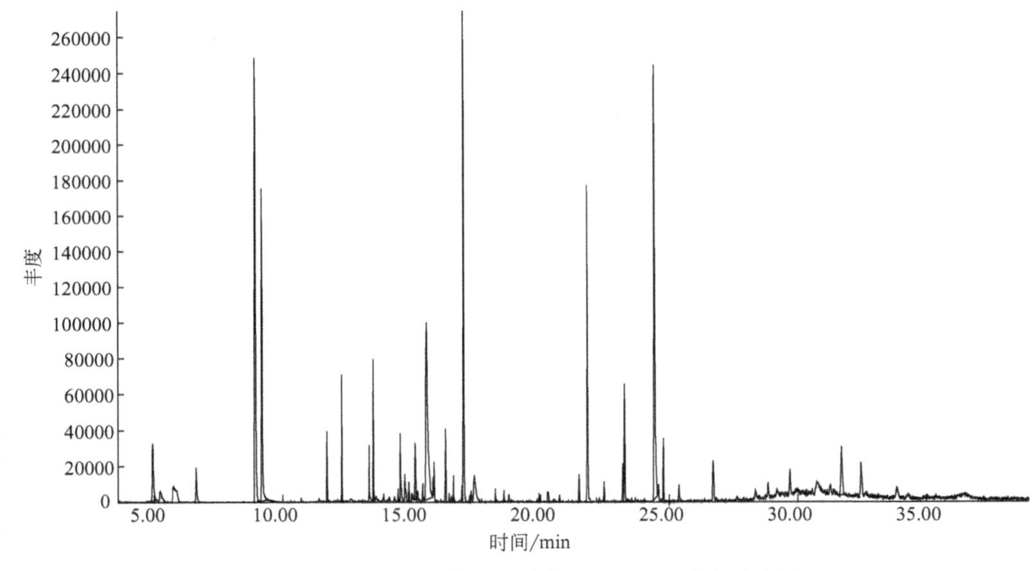

图2.15　白千层木粉苯醇抽提物GC-MS总离子流图

(1.549%)、3-羟基呋喃丹（12.951%）、异丁基 3-亚甲基-3 烯酯邻苯二甲酸（1.589%）、邻苯二甲酸二丁酯（12.311%）、邻苯二甲酸二辛酯（10.084%）、1-丙烯基-1 丙炔基硫醚（3.366%）、芥酸酰胺（16.783%）、角鲨烯（1.683%）、3-去甲秋水仙碱（2.697%）。其中，3-羟基呋喃丹有较高的毒性，能触杀不同的有害生物种类；同时，3-去甲秋水仙碱是天然生物碱，具有抗有丝分裂、消炎杀菌和抗病变等功效。除此之外，十九烷民间常用于治疗肺炎咳嗽、咯血等多种疾病，也具有一定的杀菌功效；角鲨烯也具有一定的抗菌和杀虫能力，这些化学组分的存在会对测试样品天然防霉抗白蚁的增强及趋避效果产生一定程度的影响。

表 2.12　白千层木粉苯醇抽提物化学组分及相对含量

峰号	保留时间/min	抽提物名称	相对含量/%
1	4.945	1-丙氧基-2-异丙醇	2.990
2	8.934	1-(2-乙丙氧基)-2-异丙醇	17.947
3	9.193	2-丁基-1,1 二甲基肼	9.933
4	11.722	丙烯酸 2-乙基己基酯	1.278
5	12.302	2-(三甲基硅烷氨-3 甲基硅氧烷基)雌二醇-1,3,5(10)-三四乙胺-17 酮	2.141
6	13.349	1*a*,2,3,5,6,7,7*a*,7*b*-八氢-1,1,7,7*a*-四甲基-[1*a*R-(1*aα*,7*α*,7*aα*,7*bα*)]-1*H*-环丙烷[*a*]萘	0.984
7	14.561	*α*,3,4-三甲基硅氧烷基苯乙酸甲酯	1.714
8	15.142	十九烷	1.549
9	15.577	3-羟基呋喃丹(或叫 3-羟基克百威)	12.951
10	16.323	异丁基 3-亚甲基-3 烯酯邻苯二甲酸	1.589
11	17.038	邻苯二甲酸二丁酯	12.311
12	21.836	邻苯二甲酸二辛酯	10.084
13	23.277	1-丙烯基-1 丙炔基硫醚	3.366
14	24.437	芥酸酰胺	16.783
15	24.779	角鲨烯	1.683
16	31.702	3-去甲秋水仙碱	2.697

如图 2.16 所示，尾巨桉木粉的苯醇抽提物的 GC-MS 总离子流共有 22 个峰。

根据表 2.13 中所列出的具体数据可知，它们分别是乙基苯（2.588%）、2-丙烯酸，6-甲基庚基酯（1.109%）、3-二甲基氨基苯甲醚（3.984%）、5*H*-茚［1,2-*b*］吡啶-4-胺（1.736%）、4-甲基十四烷（2.134%）、2,3-

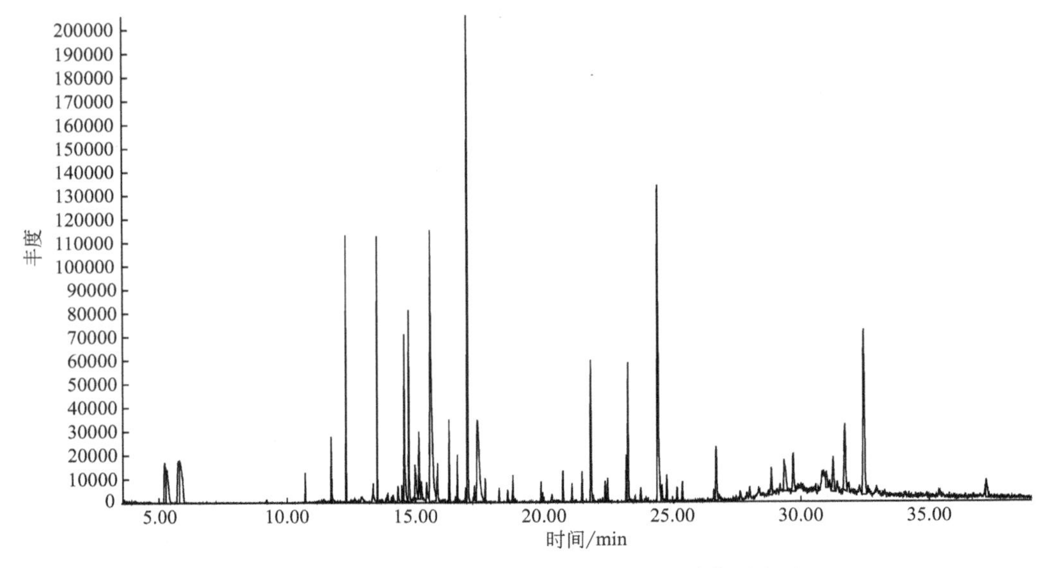

图 2.16　尾巨桉木粉苯醇抽提物 GC-MS 总离子流图

二氢-2,2-二甲基-3-羟基呋喃丹（16.520%）、邻苯二甲酸癸基异丁基酯（1.876%）、邻苯二甲酸二丁酯（12.685%）、4-乙氧基-2,5-二甲氧基苯甲醚（7.921%）、2,2′-亚甲基双［6-(1,1-二甲基乙基)］-4-甲基-苯酚（0.929%）、邻苯二甲酸二（2-乙基己）酯（4.394%）、十二酸十一酯（1.474%）、异丁基辛-2-基碳酸酯（4.084%）、芥酸酰胺（13.858%）、联萘酚［2，3-*b*：1′，2′-*d*］吡喃-7-酮（2.431%）、十七酸十七酯（1.154%）、1-乙氧基-4′-甲氧基-2,2′-联萘-1,4-二酮（2.281%）、6-十八烯酸（1.877%）、硅烷基-4-甲基-1，3-二氢-2*H*-1，5-苯二氮-2-酮（1.934%）、甲代吡啶基 8-(5-己基-2-呋喃基)-碘苯腈辛酸酯（3.877%）、胆甾-4-烯-3-酮（10.092%）、3′-亚甲基-*N*-环己基-3-甲氧基烷［16,17-*b*］呋喃-2′-亚胺（1.061%）。

表 2.13　尾巨桉木粉苯醇抽提物化学组分及相对含量

峰号	保留时间/min	抽提物名称	相对含量/%
1	5.245	乙基苯	2.588
2	11.722	2-丙烯酸,6-甲基庚基酯	1.109
3	14.738	3-二甲基氨基苯甲醚	3.984
4	14.976	5*H*-茚[1,2-*b*]吡啶-4-胺	1.736
5	15.131	4-甲基十四烷	2.134
6	15.577	2,3-二氢-2,2-二甲基-3-羟基呋喃丹	16.520

续表

峰号	保留时间/min	抽提物名称	相对含量/%
7	16.313	邻苯二甲酸癸基异丁基酯	1.876
8	17.028	邻苯二甲酸二丁酯	12.685
9	17.411	4-乙氧基-2,5-二甲氧基苯甲醚	7.921
10	20.738	2,2′-亚甲基双[6-(1,1-二甲基乙基)]-4-甲基-苯酚	0.929
11	21.826	邻苯二甲酸二(2-乙基己)酯	4.394
12	23.215	十二酸十一酯	1.474
13	23.277	异丁基辛-2-基碳酸酯	4.084
14	24.437	芥酸酰胺	13.858
15	26.707	联萘酚[2,3-*b*:1′,2′-*d*]吡喃-7-酮	2.431
16	28.852	十七酸十七酯	1.154
17	29.349	1-乙氧基-4′-甲氧基-2,2′-联萘-1,4-二酮	2.281
18	29.702	6-十八烯酸	1.877
19	31.246	硅烷基-4-甲基-1,3-二氢-2*H*-1,5-苯二氮-2-酮	1.934
20	31.712	甲代吡啶基 8-(5-己基-2-呋喃基)-碘苯腈辛酸酯	3.877
21	32.458	胆甾-4-烯-3-酮(是麝香的成分之一)	10.092
22	37.205	3′-亚甲基-*N*-环己基-3-甲氧基烷[16,17-*b*]呋喃-2′-亚胺	1.061

其中3-羟基呋喃丹和胆甾-4-烯-3-酮会对霉菌和白蚁的抵抗能力产生不可忽视的影响，前者物质与尾巨桉木粉抽提物中的一样，具有高毒性可以杀灭部分有害生物，而后者由于其天然的性引诱活性和对有害生物的促生长功效能吸引白蚁或霉菌的接近。二者结合可能起到一定的协同增强作用。

如图2.17所示，马尾松木粉苯醇抽提物的GC-MS总离子流共有13个峰。

根据表2.14中所列出的具体数据可知，它们分别是*α*-松萜(9.986%)、2,3,4,7,8,8*a*-六氢-3,6,8,8-四甲基-[3*R*-(3*α*,3*aβ*,7*β*,8*aα*)]-1*H*-3*a*,7-长叶烯(0.761%)、1*a*,2,3,5,6,7,7*a*,7*b*-八氢-1,1,7,7*a*-四甲基-[1*aR*-(1*aα*,7*α*,7*aα*,7*bα*)]-1*H*-环丙烷-[*a*]-萘(0.656%)、长叶烯(50.112%)、石竹烯(7.649%)、石竹烯氧化物(1.671%)、邻苯二甲酸二丁酯(4.434%)、1,4,5,6-四氢化-*N*-(4-甲氧基苯基)-环戊醇[*c*]吡唑-3-甲酰胺(4.362%)、1,3-二氨基-5,6-二氢-9-甲基萘酚-[2,1-*d*]喹唑啉(4.314%)、甲基脱氢松香酸甲酯(2.222%)、邻苯二甲酸二辛酯(1.228%)、15-羟基松香酸甲酯(0.912%)、芥酸酰胺(11.693%)。其中长叶烯是一种倍半萜烯，是许多名贵香料的合成原料、保香和调香剂；石

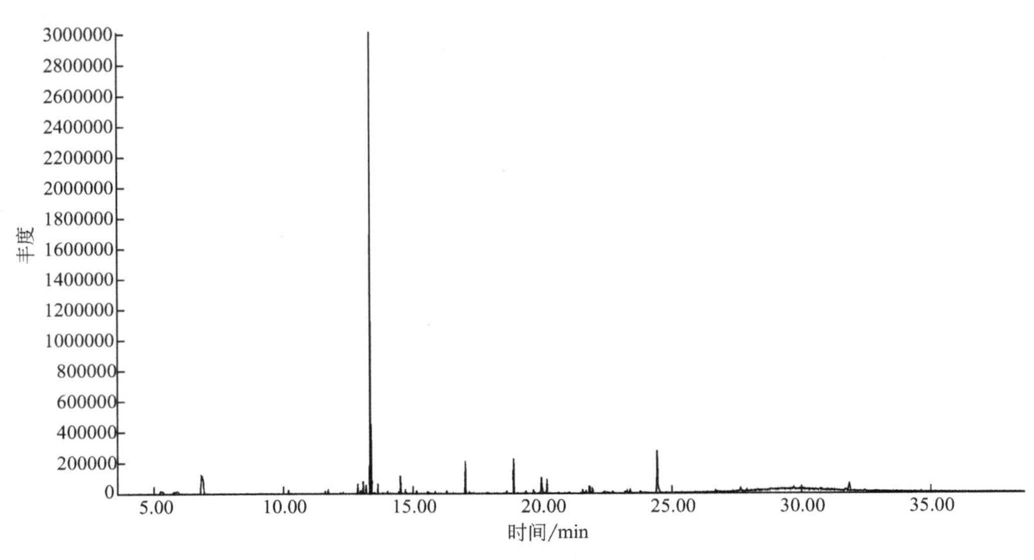

图 2.17 马尾松木粉苯醇抽提物 GC-MS 总离子流图

竹烯属双环倍半萜型化合物，具有辛香、木香、柑橘香、樟脑香等不同香味，可用于调制不同种类的食用香精。这两种主要成分的存在很可能会促进对霉菌的生长及从嗅觉上产生对白蚁的诱导作用，使得材料的天然防霉抗白蚁性能下降。

表 2.14 马尾松木粉苯醇抽提物化学组分及相对含量

峰号	保留时间/min	抽提物名称	相对含量/%
1	6.851	α-松萜	9.986
2	12.883	2,3,4,7,8,8a-六氢-3,6,8,8-四甲基-[3R-(3α,3$a\beta$,7β,8$a\alpha$)]-1H-3a,7-长叶烯	0.761
3	13.193	1a,2,3,5,6,7,7a,7b-八氢-1,1,7,7a-四甲基-[1aR-(1$a\alpha$,7α,7$a\alpha$,7$b\alpha$)]-1H-环丙烷-[a]-萘	0.656
4	13.359	长叶烯	50.112
5	13.401	石竹烯	7.649
6	14.53	石竹烯氧化物	1.671
7	17.038	邻苯二甲酸二丁酯	4.434
8	18.893	1,4,5,6-四氢化-N-(4-甲氧基苯基)-环戊醇[c]吡唑-3-甲酰胺	4.362
9	19.96	1,3-二氨基-5,6-二氢-9-甲基萘酚-[2,1-d]喹唑啉	4.314
10	20.178	甲基脱氢松香酸甲酯	2.222
11	21.836	邻苯二甲酸二辛酯	1.228
12	21.95	15-羟基松香酸甲酯	0.912
13	24.437	芥酸酰胺	11.693

如图 2.18 所示，枫香木粉的苯醇抽提物的 GC-MS 总离子流共有 20 个峰。

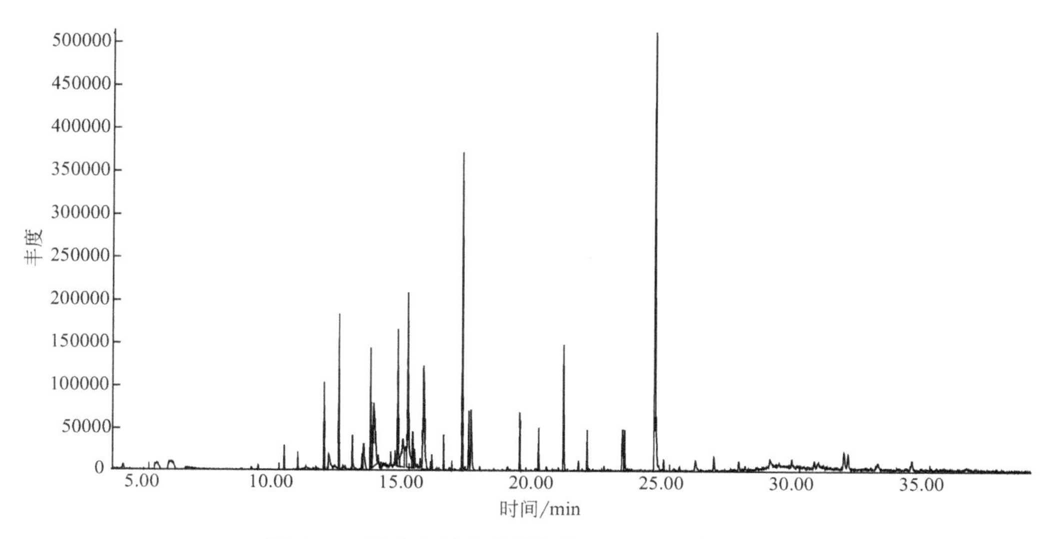

图 2.18　枫香木粉苯醇抽提物 GC-MS 总离子流图

根据表 2.15 中所列出的具体数据可知，这些物质的组分和相对含量分别如下：乙酸-2-[(二乙氧基甲基) 乙基磷酸甲基](乙氧羰基) 氨基乙酯 (0.746%)、丙炔基-2-乙基己基酯碳酸 (1.888%)、1-甲氧基-2 甲硫基苯 (1.511%)、3-羟基-4-甲氧基-苯甲醛 (2.208%)、乙二酸-2 (1-甲基丙基) 酯 (7.674%)、3,4,5-三甲氧基苯酚 (4.490%)、2,5-二羟基-1,4-二氧六环，二 (叔丁基二甲基氯硅烷) 醚 (3.783%)、4-羟基-3,5-二甲氧基-苯甲醛 (10.102%)、4-[(1*E*)-3-羟基-1-丙烯基]-2-甲氧基苯酚 (10.079%)、异丁基异丙基邻苯二甲酸酯 (0.901%)、邻苯二甲酸二丁酯 (10.023%)、3,5-二甲氧基-4-羟基肉桂醛 (2.164%)、2-甲氧基吩嗪 (4.087%)、5-甲基-2,4 (3*H*,5*H*)-噻唑二酮 (1.939%)、α-甲基-α-苯基琥珀酰亚胺 (1.535%)、肉桂酸肉桂酯 (4.816%)、邻苯二甲酸二辛酯 (1.394%)、3,7 (3,9 或 7,9)-二羟基-9 (7 或 3)-甲氧基-1-甲基-6*H*-苯并 [*b*,*d*] 吡喃-6-酮 (2.840%)、草酸-2-乙基己基十四烷酯 (2.004%)、芥酸酰胺 (25.817%)。

枫香中的 3-羟基-4-甲氧基-苯甲醛又名香兰素，具有香荚兰豆香气及浓郁的奶香，是香料中重要的一种，用作定香剂、协调剂和变调剂，也是食品和饮料中的重要增香剂；4-羟基-3,5-二甲氧基-苯甲醛中文别名为丁香醛，是实用香精中最常见的一种；3,5-二甲氧基-4-羟基肉桂醛，同样具有特殊气味，在食品工业中，用作口香糖、冰激凌、糖果与饮料的添加剂；而肉桂酸肉桂酯，是酯类合成香料，主要用作香石竹、风信子、晚香玉等花香型香精的定香剂。3,4,5-三甲氧基苯酚是重要的医药中间体，被广泛用于消炎，抗癌药物的合成及黄酮类中药的主要合成原料。这些物质的存在，必然对霉菌的生长、蔓延及对白蚁的诱导作用起到不可避免的促进作用。

表 2.15　枫香木粉苯醇抽提物化学组分及相对含量

峰号	保留时间/min	抽提物名称	相对含量/%
1	10.198	乙酸-2-[(二乙氧基甲基)乙基磷酸甲基](乙氧羰基)氨基乙酯	0.746
2	11.732	丙炔基-2-乙基己基酯碳酸	1.888
3	12.82	1-甲氧基-2 甲硫基苯	1.511
4	13.256	3-羟基-4-甲氧基-苯甲醛	2.208
5	13.649	乙二酸-2(1-甲基丙基)酯	7.674
6	14.572	3,4,5-三甲氧基苯酚	4.490
7	14.758	2,5-二羟基-1,4-二氧六环，二(叔丁基二甲基氯硅烷)醚	3.783
8	14.945	4-羟基-3,5-二甲氧基-苯甲醛	10.102
9	15.546	4-[(1*E*)-3-羟基-1-丙烯基]-2-甲氧基苯酚	10.079
10	16.313	异丁基异丙基邻苯二甲酸酯	0.901
11	17.028	邻苯二甲酸二丁酯	10.023
12	17.276	3,5-二甲氧基-4-羟基肉桂醛	2.164
13	17.38	2-甲氧基吩嗪	4.087
14	19.256	5-甲基-2,4(3*H*,5*H*)-噻唑二酮	1.939
15	19.971	α-甲基-α-苯基琥珀酰亚胺	1.535
16	20.924	肉桂酸肉桂酯	4.816
17	21.836	邻苯二甲酸二辛酯	1.394
18	23.204	3,7(3,9 或 7,9)-二羟基-9(7 或 3)-甲氧基-1-甲基-6*H*-苯并[*b*,*d*]吡喃-6-酮	2.840
19	23.277	草酸-2-乙基己基十四烷酯	2.004
20	24.437	芥酸酰胺	25.817

参考文献

[1] Vazquez G, Fontenla E, Santos J, et al. Antioxidant activity and phenolic content of chestnut (Castanea sativa) shell and eucalyptus (Eucalyptus globulus) bark ex-

tracts [J]. Industrial Crops and Products，2008，28 (3)：279-285.

[2] 戚红晨. 人工林赤桉木材抽提物特性与胶合微扰机理研究 [D]. 长沙：中南林业科技大学，2011：4-5.

[3] Chaudhry G R. Induction of carbofuran oxidation to 4-hydroxycarbofuran by *Pseudomonas* sp. 50432 [J]. FEMS Microbiology Letters，2002，214 (2)：171-176.

[4] Chapalmandugu S，Chaudhry G R. Microbial and biotechnological aspects of metabolism of carbamates and organophosphates [J]. Critical Reviews in Biotechnology，1992，12 (5-6)：357-389.

[5] Seo J，Jeon J，Kim S D，et al. Fungal biodegradation of carbofuran and carbofuran phenol by the fungus Mucor ramannianus：Identification of metabolites [J]. Water Science and Technology，2007，55 (1-2)：163-167.

[6] Brossi A. Bioactive alkaloids. 4. Results of recent investigations with colchicine and physostigmine [J]. Journal of Medicinal Chemistry，1990，33 (9)：2311-2319.

[7] Brossi A，Yeh H J C，Chrzanoeska M，et al. Colchicine and its analogues：Recent findings [J]. Medicinal Research Reviews，1988，8 (1)：77-94.

[8] Dubey K K，Ray A R，Behera B K. Production of demethylated colchicine through microbial transformation and scale-up process development [J]. Process Biochemistry，2008，43 (3)：251-257.

[9] 彭万喜，李凯夫，范智才. 尾巨桉木片水抽提物成分的 GC/MS 分析 [J]. 中国造纸学报，2006，21 (4)：11-13.

[10] 赵振东，孙震. 生物活性物质角鲨烯的资源及其应用研究进展 [J]. 林产化学与工业，2004，24 (3)：107-112.

[11] Jamaluddin F，Mohameda S，Lajis M N. Hypoglycaemic effect of stigmast-4-en-3-one，from Parkia speciosa empty pods [J]. Food Chemistry，1995，54 (1)：9-13.

[12] 曾一翚，梁景河，黄子强，等. 叶烯的化学及其应用 [J]. 贵州林业科技，1984，(4)：10-30.

[13] 罗成，曹威，龚小伦，等. 3,4,5-三甲氧基苯酚的合成研究 [J]. 甘肃石油和化工，2010，(3)：18-21.

第3章

壳聚糖生物改性PVC基木塑复合材料的抗菌性

在功能材料的众多研究领域中，抗菌功能，与人们的生活及身体健康关系最为密切，所以一直在材料领域中占有举足轻重的地位，而与该功能相对应的抗菌材料就是自身具有杀灭或抑制微生物生长繁殖的一类新型功能材料。由于高分子材料易受到微生物的污染，而添加一定量的化学合成抗菌剂，常见的如无机金属离子（Ag^{+}、Zn^{2+}、Cu^{2+}）抗菌剂及有机合成抗菌剂（季铵盐类、双胍类、醇类、酚类、吡啶类、咪唑类、噻吩类等）虽能有效提升材料的抗菌性能，但一般情况下也存在耐热性差、易挥发、相容性差、不稳定、有一定毒性残留及容易渗入人或动物的表皮等缺点，故现今许多研究的热点开始转向天然、环保、无毒、高效的抗菌剂合成研究方面，如山箭、孟宗竹、薄荷、柠檬叶等的提取物和壳聚糖等。

木塑复合材料属高分子复合材料类，近些年来，由于木塑复合材料发展快速且具备能渗透到更加广泛应用领域之中的巨大潜力（如医院设施、公共卫生器具、室内家具及装饰、儿童家具、卫浴家具、公共场所设施及日常生活用品等），所以对其抗菌功能的研究也开始被提上日程，但现今对于木塑复合材料抗菌功能的直接研究较少，对于抗菌功能塑料的研究相对较多。

吴远根等将高分子季铵盐接枝在纳米 SiO_2 粉体表面，然后添加进聚乙烯（PE）塑料中，采用注塑方式制备抗菌塑料并采用抑菌圈法评价材料的抗菌性能，结果表明，其抗菌效果与无机载银抗菌剂相当，对金黄色葡萄球菌和大肠杆菌的最小抑菌浓度分别为 100mg/L 和 1500mg/L；谭绍早采用自制的载银磷酸锆超细粉体抗菌颗粒，通过注射加工制备抗菌聚丙烯（PP）塑料并采用膜覆盖法评价材料的抗菌性能，结果表明：质量分数为 4%的抗菌剂在 PP 塑料基体中分散均匀，基体力学性能良好，且其对大肠杆菌、金黄色葡萄球菌等的抗菌率都达到 99%以上；张环等选用 Zn-Ag 复合系及 Ag 系无机抗菌剂，采用双螺杆挤出法和单螺杆挤出法制备线型低密度聚乙烯（LDPE）抗菌母料，并分析两种方法所制备的母料的抗菌性能，结果发现，双螺杆挤出法制备的抗菌母料的抗菌性能优于单螺杆，Ag 系无机抗菌剂抗菌性能优于 Zn-Ag 系。王永忠等采用挤出加工的方法研究添加纳米 Ag^{+}-TiO_2 的聚氯乙烯（PVC）塑料的抗菌效果，结果表明：当 Ag^{+}-TiO_2 加入量为 0.63%时，材料对大肠杆菌和金黄色葡萄球菌的抗菌率均超过 90%，而当添加量增至 2.5%时，抗菌率可超过 99%。

Zhang 等以商业壳聚糖、自制水溶性壳聚糖和微米化壳聚糖为抗菌剂，

LDPE 为基体，通过机械混炼法制备了不同种类的抗菌塑料并对大肠杆菌、枯草芽孢杆菌和变形杆菌的抗菌性能进行评价后发现，壳聚糖用量对以LDPE 为基体的抗菌塑料抑菌效果的影响不大，其中水溶性改性产物作为抗菌剂效果最佳；刘俊龙等采用接枝了甲基丙烯酸甲酯的壳聚糖，通过机械共混法制备壳聚糖/LDPE 复合材料，并分析了其对枯草杆菌和大肠杆菌的抗菌性能，其结果表明，壳聚糖添加量为 3 份时，复合材料对枯草杆菌和大肠杆菌在 24h 和 48h 的抗菌率均超过 90%。

对于壳聚糖此种本身对木粉/PVC 复合材料具有界面增强功能的天然产物来说，其大量报道中的抗菌特性对于壳聚糖/杉木粉/PVC 耦合功能复合材料的研究具有重要的价值，并且在前人报道中表明，壳聚糖的添加量多少、分子量大小和脱乙酰度的高低均会对壳聚糖的抗菌性能产生一定影响，所以本章在前人的基础上研究了添加不同分子量（高、中、低）、不同含量（0 份、10 份、20 份、35 份、50 份）及不同脱乙酰度（70%、80%和 95%）的壳聚糖对杉木粉/PVC 复合材料的抗菌性影响，对具有典型代表性的革兰氏阴、阳菌种，即大肠杆菌（*Escherichia coli*）和金黄色葡萄球菌（*Staphylococcus aureus*）的抗菌抑菌性能进行评价，并采用 X 射线光电子能谱（XPS）对不同组别的复合材料表面元素进行差异定量对比分析，皆为揭示不同组别复合材料抗菌功能差异的缘由，同时也为后续壳聚糖抗菌木塑复合材料的进一步研究分析奠定理论基础。

3.1 原材料与抗菌性能评价方法

3.1.1 实验材料

大肠杆菌（*Escherichia coli*）ATCC 8739，金黄色葡萄球菌（*Staphylococcus aureus*）ATCC6538，由广东省微生物研究所菌种保藏与应用重点实验室提供；

牛肉浸膏，购自北京双旋微生物培养基制品厂；

蛋白胨，购自上海东海制药厂；

氢氧化钠（NaOH），分析纯，购自天津展天化工有限公司；

氯化钠（NaCl），分析纯，购自天津展天化工有限公司；

盐酸（HCl），分析纯，购自天津展天化工有限公司；

PVC 树脂、杉木粉与第 2 章中所述的一致；

壳聚糖（工业级），包含三种分子量（320000、560000、860000），三种脱乙酰度（70%、80%、95%），灰分约0.7%，购自浙江金壳生物化学有限公司。

3.1.2 实验仪器

实验中所用到的主要仪器设备见表3.1。

表3.1 实验仪器设备一览表

仪器名称	型号	生产厂家
立式压力蒸汽灭菌器	LDZX-50KBS	上海申安医疗器械厂
超净工作台	SW-CJ-ZF	江苏苏州净化设备公司
恒温培养箱	DHP-360	济南科翔实验仪器有限公司
旋涡混合器	XW-80A	广州市永程实验仪器有限公司
灭菌培养皿、试管、移液管	无	广州精科化玻仪器有限公司
接种环	YNK-02-00	南京优尼生物科技有限公司
酒精灯	无	自制
X射线光电子能谱(XPS)	ESCALAB 250	美国Thermo公司
同向双螺杆挤出机	SHJ-20	南京杰恩特机电有限公司
锥形双螺杆挤出机	LSE-35	广东联塑机器制造有限公司

3.1.3 实验方法

（1）壳聚糖/杉木粉/PVC复合材料的制备

选用320000、560000、860000不同分子量，标记为X-L、X-M、X-H；在同一分子量下（860000），0、10份、20份、35份和50份不同含量，标记为X-1、X-2、X-3、X-4、X-5；以及同一分子量（860000）和添加量下（35份），70%、80%和95%不同脱乙酰度，标记为X-70、X-80、X-95的壳聚糖加入复合材料之中，复合材料制备方法见第3章中所述，将样品裁切成30mm（L）×30mm（W）×5mm（H）片材待用。

（2）壳聚糖/杉木粉/PVC复合材料表面抗菌性评价

培养基、试剂和菌液的制备和抗菌性能评价方法参考QB/T2591—2003，具体方法如下：

① 培养基制备　营养肉汤（NB）：蛋白胨10g、牛肉膏5g、氯化钠

5g、蒸馏水 1000mL，将配料加热溶解，用 NaOH 调整 pH 值为 7.0～7.2，0.1MPa 蒸汽灭菌 30min。

琼脂培养基（LB）：蛋白胨 10g、牛肉膏 5g、氯化钠 5g、蒸馏水 1000mL，将除琼脂以外的配料加热溶解后，用氢氧化钠调整 pH 值为 7.0～7.2，加入琼脂，加热使琼脂融化，分装入烧瓶，封口，0.1MPa 蒸汽灭菌 30min。

② 缓冲生理盐水制备　含 0.80%氯化钠的生理盐水，可加入少量无菌表面活性剂。用 0.1mol/L 氢氧化钠溶液或 0.1mol/L 盐酸溶液调节 pH 值使灭菌后 pH=7.0～7.2，分装后置压力蒸汽灭菌器内，121℃灭菌 30min。

③ 菌液的准备　用接种环取 1～2 环保存的斜面菌种，转接到肉汤中，振荡培养，37℃下培养 24h，用浊度法估计菌液的浓度，然后稀释成浓度为 1×10^{7}CFU/mL 的测试液。

④ 薄膜覆盖法　将试验片材样品用 70%乙醇溶液进行消毒，然后用生理盐水冲洗 3 次。取适量悬浮均液滴在试片上成膜，将 PE 薄膜覆盖于菌液膜上，将试片放置于相对湿度为 95%、37℃的培养箱中培养 24h，之后取出样品，分别加入 20mL 生理盐水洗脱液，反复清洗样品及 PE 覆盖膜（最好用镊子夹起薄膜冲洗），充分摇匀后，分别稀释 10 倍、100 倍、1000 倍接种于营养琼脂培养基（LB）中，在 37℃下培养 24h 后进行活菌计数，抗菌率的计算公式如式(3.1)。每组设置三个重复，计算其平均值和标准差，采用 Duncan 新复极差法进行方差分析，取 95%的置信区间。

$$AR=\frac{C_2-C_1}{C_2}\times100\% \tag{3.1}$$

式中　AR——抗菌率，%；

C_2——未添加壳聚糖的空白样品的菌落数，个；

C_1——添加壳聚糖的不同组别的样品的菌落数，个。

（3）复合材料表面元素及含量变化表征

X 射线光电子能谱是一种通过测定样品的电子结合能分析其组成和结构的波谱技术，采用 Thermo-VG Scientific 生产的 ESCALAB250 型 X 射线光电子能谱对复合材料抗菌试片表面进行测试分析，主要用于分析处理前后复合材料表面的元素及含量的变化，从而推断结构和性能的变化，选用的工作条件为：分析室真空度为 2×10^{-9}Mbar（1bar=0.1MPa）；使用光源为单色化的 AlKα 源；能量为 1486eV、15kV、150W；束斑大小为 500μm。

3.2 不同含量壳聚糖生物改性 PVC 基木塑复合材料抗菌性

通常情况下，典型的革兰氏阴性细菌大肠杆菌可以作为细菌繁殖体中肠道菌的代表，而革兰氏阳性细菌金黄色葡萄球菌可作为细菌繁殖体中化脓菌的代表。下面通过控制变量的原理详细分析壳聚糖的添加量、平均分子量及脱乙酰度对复合材料抗菌性能的影响。

（1）不同含量壳聚糖的复合材料抗大肠杆菌性分析

图 3.1 是在同一分子量和脱乙酰度下添加不同含量的壳聚糖后不同组别复合材料的抗大肠杆菌效果。

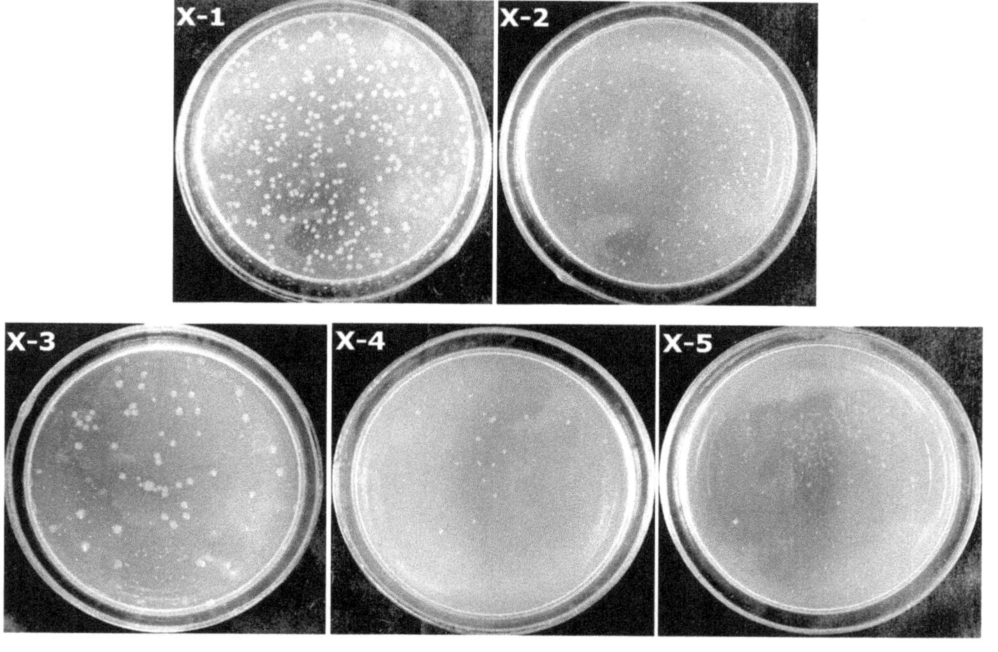

图 3.1　不同含量壳聚糖的复合材料抗大肠杆菌效果

如图 3.1 所示，随着壳聚糖的添加量依次从无增加至 10 份、20 份、35 份和 50 份，培养皿中的大肠杆菌菌落数逐渐减小，这说明复合材料表面对大肠杆菌的抗菌率逐渐增强。从表 3.2 中可知，其平均抗菌率分别为 17.59%、56.80%、81.83%和 84.90%，另外，从 Duncan 新复极差分析也可知，当壳聚糖添加量从 0 份增加至 35 份时，所对应的抗菌率变化差异显著，随着壳聚糖的增加，抗菌效果增强，但当壳聚糖添加量从 35 份进一步升高至 50 份时，其抗菌率的变化差异不显著，这可能是由于采用薄膜覆盖法对复合材料表面进行抗菌测试时，挤出过程中壳聚糖部分较均匀分布于材料的表面，使得材料具有较好的抗菌性，但随着增加量不断增加，其分布于材料表面的壳聚糖数量有限，且抗菌能力有限，故添加量相对过大时，其抗菌效果增加不明显。

表 3.2　不同含量壳聚糖的复合材料抗大肠杆菌结果

组别	平均抗菌率/%	平均菌落数/个
X-1(参照)	—	1563(35.36)
X-2	17.59(1.28)c	1288(41.14)
X-3	56.80(1.47)b	675(31.01)
X-4	81.83(0.40)a	284(8.83)
X-5	84.90(0.32)a	236(7.16)

注：括号里的数值为各自的标准差。

表中 a、b、c、d 等字母组别相同为差异不显著，字母组别不同为差异显著，后面表中同理。

(2) 不同含量壳聚糖的复合材料抗金黄色葡萄球菌分析

图 3.2 为同一分子量和脱乙酰度下添加不同含量的壳聚糖后不同组别复合材料的抗金黄色葡萄球菌效果，从图中的菌落数和表 3.3 中的数据可

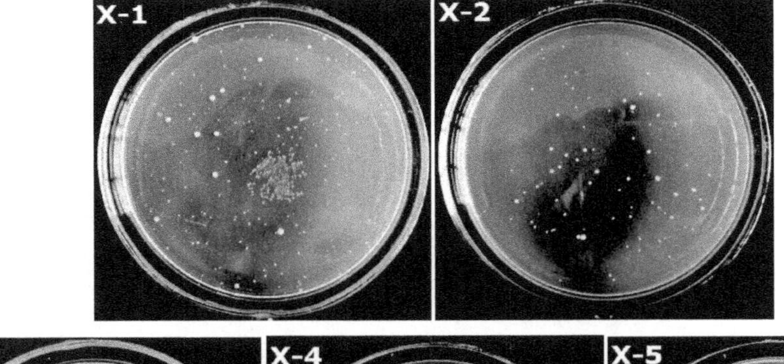

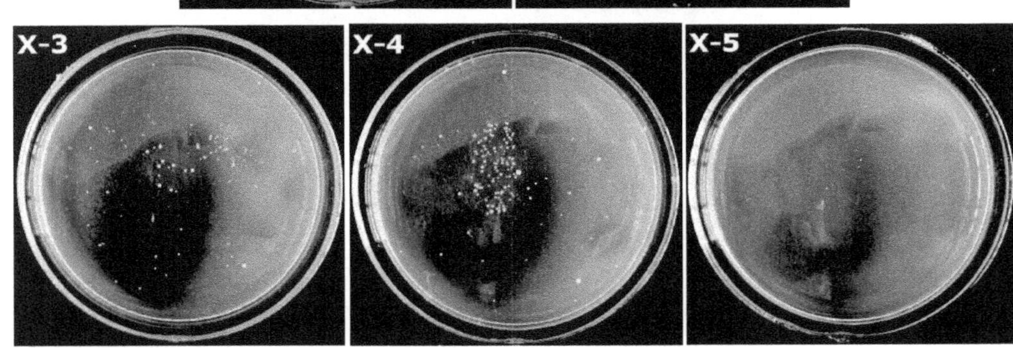

图 3.2　不同含量壳聚糖的复合材料抗金黄色葡萄球菌效果

以看出，复合材料对金黄色葡萄球菌的抗菌性能明显优于大肠杆菌的抗菌性能。另外，在所研究的添加量下，培养皿中的金黄色葡萄球菌的菌落数随着壳聚糖含量的增加而不断减小，这说明材料表面的抗菌性能不断增加，在添加量为50份时，所对应的培养皿中的菌落数仅12个，抗菌率达到极大值，不同组别X-2、X-3、X-4、X-5复合材料表面的平均抗菌率分别为33.33%、63.04%、84.30%和97.11%，与上述分析稍有不同的是，根据Duncan新复极差分析的结果表明，各添加量间的抗菌率差异均较为显著（$P<0.05$）。

表3.3 不同含量壳聚糖的复合材料抗金黄色葡萄球菌结果

组别	平均抗菌率/%	平均菌落数/个
X-1(参照)	—	414(9.21)
X-2	33.33(0.87)d	276(7.89)
X-3	63.04(0.65)c	153(5.33)
X-4	84.30(0.49)b	65(3.21)
X-5	97.11(0.51)a	12(2.12)

注：括号里的数值为各自的标准差。

3.3 不同分子量壳聚糖生物改性PVC基木塑复合材料抗菌性

（1）不同分子量壳聚糖的复合材料抗大肠杆菌性分析

从图3.3中的抗菌效果图和表3.4的分析数据可知，同一添加量和脱乙酰度下分别添加不同分子量（320000、560000、860000）的壳聚糖后不同组别复合材料抗大肠杆菌的效果明显不同，其中组X-L，即壳聚糖的平均分子量为320000时，对复合材料表面的抗菌效果在三组中最佳，抗菌率

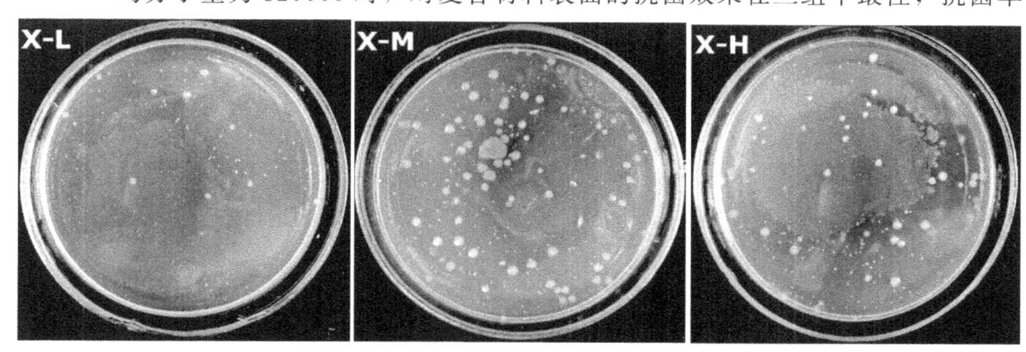

图3.3 不同分子量壳聚糖的复合材料抗大肠杆菌效果

为77.99%。这与杨声等研究结果相一致，即壳聚糖分子量越低，其抗菌能力越强。

表 3.4 不同分子量壳聚糖的复合材料抗大肠杆菌结果

组别	平均抗菌率/%	平均菌落数/个
X-L	77.99(1.01)a	344(8.45)
X-M	71.39(0.78)b	447(7.98)
X-H	67.24(1.33)c	512(18.12)

注：括号里的数值为各自的标准差。

(2) 不同分子量壳聚糖的复合材料抗金黄色葡萄球菌性分析

图3.4为同一添加量和脱乙酰度下添加不同分子量的壳聚糖后复合材料抗金黄色葡萄球菌效果。

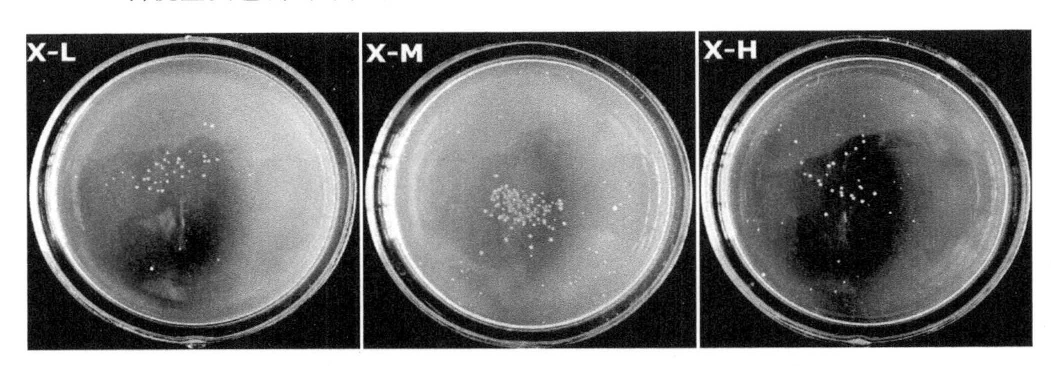

图3.4 不同分子量壳聚糖的复合材料抗金黄色葡萄球菌效果

对于金黄色葡萄球菌来说，添加不同分子量（320000、560000、860000）的壳聚糖后复合材料的抗菌效果明显不同，与上述分析相类似，并结合表3.5可知，壳聚糖的平均分子量为320000时，所对应的复合材料表面的抗菌效果最佳，抗菌率可达87.68%。但从图表中的数据分析中值得注意的是，在同一条件下，复合材料对金黄色葡萄球菌的抗菌性优于大肠杆菌。

表 3.5 不同分子量壳聚糖的复合材料抗金黄色葡萄球菌结果

组别	平均抗菌率/%	平均菌落数/个
X-L	87.68(0.34)a	51(2.01)
X-M	71.49(0.75)c	118(4.33)
X-H	77.53(0.59)b	93(4.02)

注：括号里的数值为各自的标准差。

3.4 不同脱乙酰度壳聚糖生物改性 PVC 基木塑复合材料抗菌性

（1）不同脱乙酰度壳聚糖的复合材料抗大肠杆菌性分析

对于同一添加量和分子量下添加不同脱乙酰度（70%、80%和 95%）的壳聚糖所制备的复合材料来说，其对大肠杆菌的抗菌效果见图 3.5。

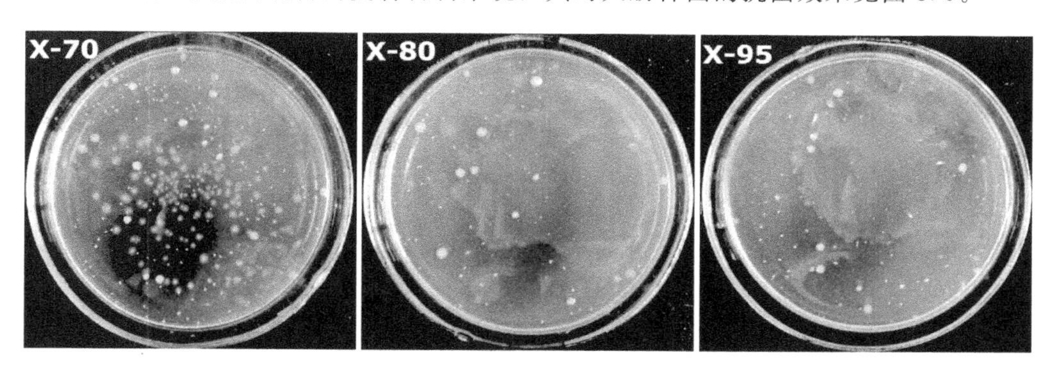

图 3.5 不同脱乙酰度壳聚糖的复合材料抗大肠杆菌效果

如图 3.5 所示，不同脱乙酰度的壳聚糖对复合材料的表面抗大肠杆菌性有一定的差异。从表 3.6 中的具体数据及方差分析也可以看出，脱乙酰度 70%和 80%之间的组别 X-70 和 X-80 抗菌性差异较为显著，而脱乙酰度 80%和 95%之间的组别 X-80 和 X-95 差异不大。三组中，对大肠杆菌抗菌性最好的为 X-95，抗菌率为 88.10%，这可能是由于脱乙酰度的提高使壳聚糖分子链上裸露的—NH_2 密度增加，在适宜的环境中，抗菌因子—NH_3^+ 的密度也增加。

表 3.6 不同脱乙酰度壳聚糖的复合材料抗大肠杆菌结果

组别	平均抗菌率/%	平均菌落数/个
X-70	77.35(0.92)b	354(9.22)
X-80	87.46(0.54)a	196(6.31)
X-95	88.10(0.51)a	186(5.98)

注：括号里的数值为各自的标准差。

（2）不同脱乙酰度壳聚糖的复合材料抗金黄色葡萄球菌性分析

图 3.6 为同一添加量和分子量下添加不同脱乙酰度的壳聚糖后复合材料抗金黄色葡萄球菌效果。对比同样条件下复合材料的抗大肠杆菌性能可知，样品的抗金黄色葡萄球菌效果尤佳。

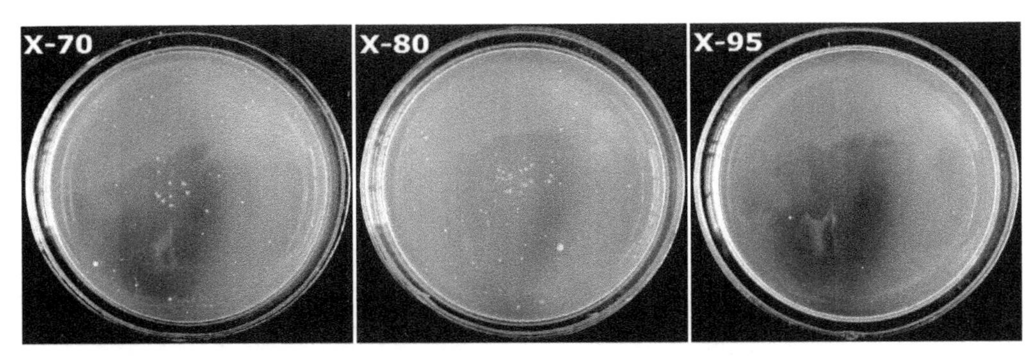

图 3.6 不同脱乙酰度壳聚糖的复合材料抗金黄色葡萄球菌效果

从表 3.7 中计算得出的抗菌率数据可知，添加脱乙酰度为 95%的壳聚糖的复合材料（组 X-95）的表面抗金黄色葡萄球菌效果最佳，抗菌率高达 98.79%。而对于 X-70 和 X-80 组而言，二者的抗菌率分别为 85.75%和 82.61%，该结果与先前的抗菌率随着脱乙酰度的增加而增加稍有不同，可能是由实验中的不同误差积累而造成的。

表 3.7 不同脱乙酰度壳聚糖的复合材料抗金黄色葡萄球菌结果

组别	平均抗菌率/%	平均菌落数/个
X-70	85.75(0.40)b	59(3.31)
X-80	82.61(0.44)c	72(5.12)
X-95	98.79(0.22)a	5(1.21)

注：括号里的数值为各自的标准差。

3.5 壳聚糖生物改性 PVC 基木塑复合材料表面元素及含量变化

XPS 所发射出的 X 射线在未进行深度刻蚀时，其照射深度一般为 10nm 左右，在 X 射线射向样品表面时，由于各种元素所具有的特定的电子结合能，并且各谱峰强度与其元素含量呈正比关系，根据此原理可用于检测分析处理样品表面的元素及其含量的变化，从而推测材料表层结构和性能的变化。

(1) 样品表面 XPS 宽扫描全谱图分析

在上述抗菌结果较好的组别中，选取添加 35 份壳聚糖的杉木粉/PVC 复合材料与未添加壳聚糖的复合样品进行表面元素对比分析。在未添加壳聚糖的杉木粉/PVC复合材料样品中，主要组分为杉木粉和PVC树脂，而在杉木粉中，其主要成分为纤维素、半纤维素和木质素三种天然高分子产物以及微量的内含物，主要元素为C、H和O，除H元素外，C元素和O元素均可以用XPS探测分析；在PVC的大分子链上，其主要元素是C和Cl。图3.7为未添加壳聚糖的杉木粉/PVC复合材料表面XPS宽扫描全谱图，从图中可以看出，电子结合能在531.82eV、284.82eV和200.32eV分别对应O 1s、C 1s和Cl 2p的较强谱峰，其谱峰强度计量数分别为5487.03、8237.97和1980.12。

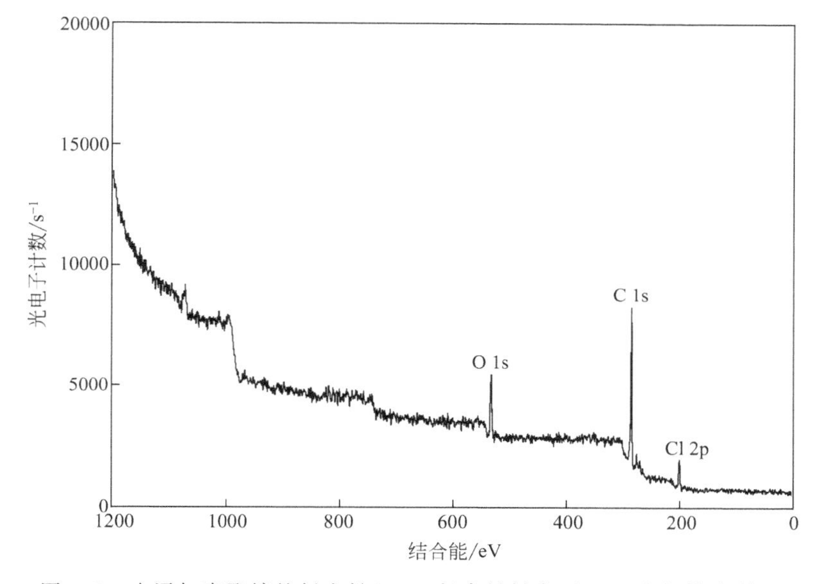

图3.7　未添加壳聚糖的杉木粉/PVC复合材料表面XPS宽扫描全谱图

在添加了35份壳聚糖的杉木粉/PVC复合材料样品中，主要组分除了上述分析中提到的杉木粉和PVC树脂外，还存在有一定含量壳聚糖。在壳聚糖中，其主要结构为（1,4)-2-乙酰氨基-2-脱氧-β-D-葡聚糖，主要元素除了C、H、O外，还有N元素。图3.8为添加了35份壳聚糖的杉木粉/PVC复合材料表面XPS宽扫描全谱图，对比后发现此图与图3.7曲线形状基本相似，在电子结合能为532.59eV、285.09eV和200.09eV分别对应O 1s、C 1s和Cl 2p的较强谱峰，各自的谱峰强度计量数分别为6403.60、10151.35和1772.30。除此之外还发现，在电子结合能为400.09eV附近有一定强度的N 1s的谱峰，其强度计量数为4032.57，上述的现象能够较好地证明在复合样品的表面存在一定数量的壳聚糖，这些壳聚糖促使了样品表面抗菌性能的产生，与前述分析一致。

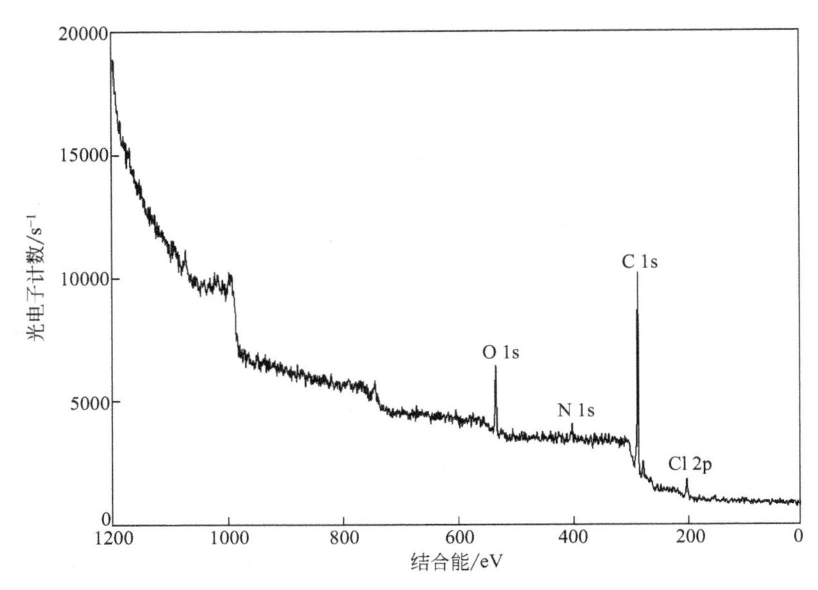

图 3.8　添加 35 份壳聚糖的杉木粉/PVC 复合材料表面 XPS 宽扫描全谱图

(2) 样品表面 C 1s 的 XPS 谱图分析

在样品的 XPS 探测分析中，C 原子的电子结构为 $1s_2 2s_2 2p_2$，其中 2s 和 2p 的电子是形成杂化轨道而构成化学键的价电子。由于电子结合能的大小与所结合的原子或原子团有关，故可以采用 C 1s 的峰强度和化学位移来了解周围的化学环境变化情况，从而间接得到材料表面化学性质的重要信息。在 C 1s 的 XPS 谱图分析中，碳原子与其他原子或基团的结合状态总共有四种，C1 为仅与其他饱和碳原子或氢原子连接的 C 原子，结构一般为—CR_3（R 代表烃基或氢原子），其电子结合能较低，一般在 285eV 附近；C2 为仅与一个非碳氧原子连接的 C 原子，结构为—CR_2—O—，杉木中的纤维素和半纤维素分子以及天然壳聚糖中均含有大量的 C 原子与羟基（—OH）相连，羟基具有很强的极性，电负性也大，故 C2 的电子结合能比 C1 大，约为 286.5eV。针对本研究中复合材料的主要组分（杉木粉和壳聚糖），C 原子的连接情况仅考虑 C1 和 C2 的结合。图 3.9 和图 3.10 分别为未添加和添加 35 份壳聚糖的杉木粉/PVC 复合材料表面 C 1s 谱图，根据 C1 和 C2 的基本峰位采用分峰软件中的 Gaussian 法对 C 1s 谱峰进行分峰处理，其处理后的具体数据见表 3.8。

表 3.8　未添加和添加 35 份壳聚糖的杉木粉/PVC 复合材料表面 C 1s 的 XPS 参数

复合样品描述	元素	结合能/eV	半峰宽/eV	峰面积	面积比/%
未添加壳聚糖	C1	284.82	1.65	10946.11	65.20
	C2	286.57	4.16	5842.34	34.80
添加 35 份壳聚糖	C1	284.83	1.52	13254.87	64.57
	C2	286.56	4.32	7273.04	35.43

图 3.9 和图 3.10 显示复合材料样品表面的 C 1s 谱图由 2 个峰叠加而成，按其电子结合能的位置分别归属于 C1 和 C2。图 3.9 结合表 3.8 数据可知，C1 的峰强度计量数为 7981.33，其相对峰面积为 65.20%，C2 的峰强度计量数为 3115.12，相对峰面积为 34.80%，两者的峰面积比 A_{C1}/A_{C2} 为 1.87。在图 3.10 添加 35 份壳聚糖的杉木粉/PVC 复合材料表面 C 1s 谱图中，C1 的含量有所增加，C1 的峰强度计量数为 10249.01，所对应的相对峰面积为 64.57%，而 C2 的峰强度计量数为 3599.21，C2 的相对峰面积为 35.43%，两者的峰面积比 A_{C1}/A_{C2} 为 1.82。这些现象产生的原因主要是壳聚糖添加后，样品表层的 C 元素会大大增加，故 C1 和 C2 的峰强度均上升。另外，由于壳聚糖主要结构的（1,4)-2-乙酰氨基-2-脱氧-β-D-葡聚糖中的 C—O 结合明显增多，导致 C1 和 C2 的峰面积 A_{C1}/A_{C2} 有所下降，这再一次较好证明了壳聚糖在复合材料表面的存在，并解释了表面抗菌性产生的原因。

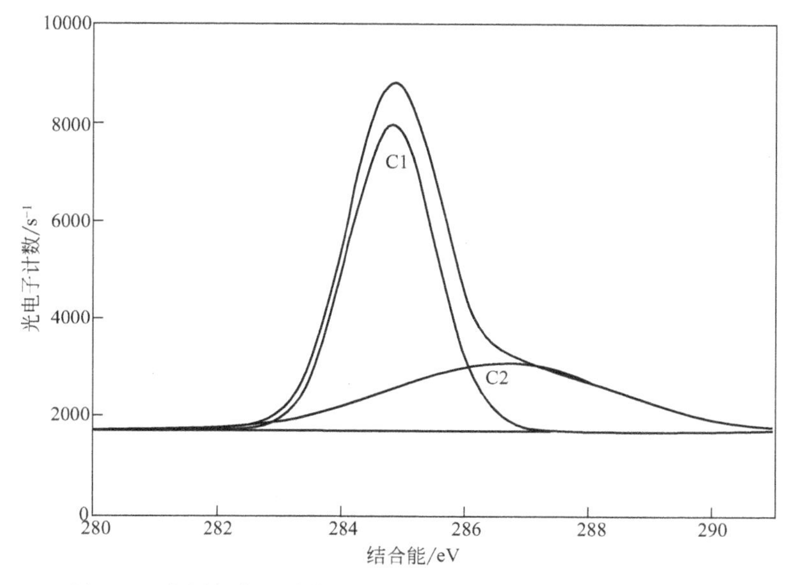

图 3.9　未添加壳聚糖的杉木粉/PVC 复合材料表面 C 1s 谱图

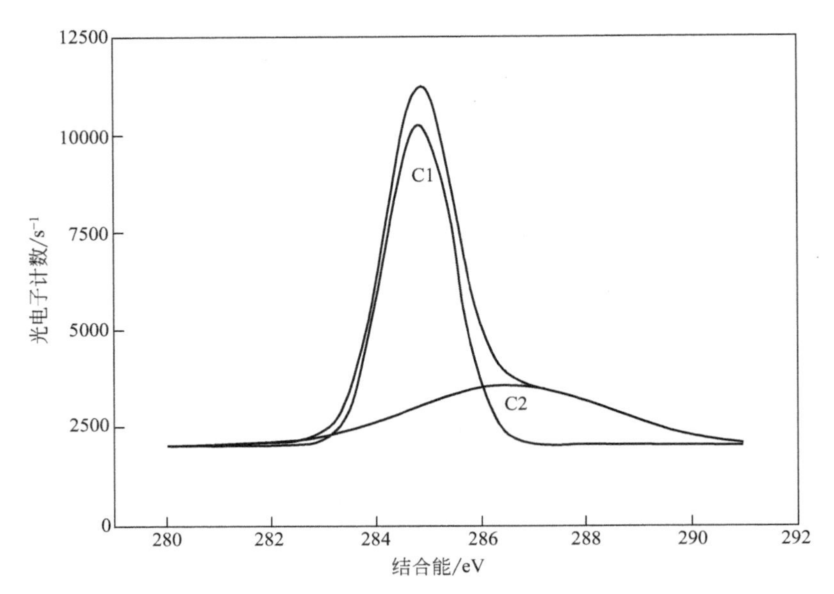

图 3.10 添加35份壳聚糖的杉木粉/PVC复合材料表面C 1s谱图

参考文献

[1] 师兰，郭金毓，哈日巴拉. 高分子抗菌材料发展现状与展望 [J]. 内蒙古民族大学学报（自然科学版），2011，26（1）：25-28.

[2] 吴远根，邱树毅，张难，等. 高分子季铵盐型抗菌塑料的制备和抗菌性能 [J]. 材料研究学报，2007，21（4）：421-426.

[3] 谭绍早. 聚丙烯抗菌塑料的制备及性能研究 [J]. 中国塑料，2005，19（2）：41-44.

[4] 张环，赵义平，祝嫦巍. 抗菌塑料母料的制备及其抗菌性能研究 [J]. 合成树脂及塑料，2003，20（1）：20-23.

[5] 王永忠，钟明强，杨晋涛，等. 纳米 Ag^{+}-TiO_2/聚氯乙烯抗菌塑料制备及其性能 [J]. 材料科学与工程学报，2009，27（6）：862-864.

[6] Zhang H Z，He Z C，Liu G H，et al. Properties of different chitosan/low-density polyethylene antibacterial plastics [J]. Journal of Applied Polymer Science，2009，113（3）：2018-2021.

[7] 刘俊龙，孙振玲. 壳聚糖接枝甲基丙烯酸甲酯在抗菌塑料中的应用 [J]. 塑料科技，2008，36（4）：64-67.

[8] 杨声，冯小强，王廷璞，等. 壳聚糖对大肠杆菌的抑制作用规律及抗菌机理初探 [J]. 天然产物研究与开发，2007，19：39-43.

[9] Dorris G M，Gray D G. The surface analysis of paper and wood fiber by ESCA，2：Surface composition of mechanical pulps [J]. Cellulose Chemical Technology，1978，12（3）：721-734.

第4章

壳聚糖生物改性PVC基木塑复合材料工艺技术与优化

从木塑复合材料发展至今，大部分企业从业者及其相关研究人员总是把木塑复合材料中的“木”质部分认为是一种普通的“填料”，将关注的焦点放在热塑性高分子树脂改性等难题的攻克上面，而忽视了不同树种的木质纤维会对相同复合体系的综合性能产生较大影响。杉木具有分布范围广、产量大、力学性能优异、生长速度快、心边材差异小等特点。作为植物纤维中典型的高长径比纤维形态及独特的抗菌耐腐性能也对其引入功能性复合材料提供一定的优势，将杉木纤维引入木塑复合材料的制备中，不但保证了丰富的“木质”来源，而且对于复合材料综合力学性能和稳定性能的提升也有较大的贡献，同时，其特殊的功用（如抗菌耐腐、气味保健等）对探究开发功能性木塑复合材料来说蕴含巨大潜力；而有“动物纤维”美誉的壳聚糖，作为地球上生物质纤维资源中仅次于纤维素的第二大天然纤维，也是自然界除蛋白质之外数量最大的含氮天然有机化合物，由甲壳素脱乙酰基后形成，其结构与纤维素极为相似（均为六元环状结构的线形 β-D-葡萄糖），差异仅存在于单个葡萄糖分子第二个碳原子上的羟基与乙酰氨基。壳聚糖与纤维素一样，均属于天然高分子材料，具有许多天然的优良特性，如来源丰富、良好的生物相容性和生物可降解性、力学性能佳、无毒环保、广谱抗菌性等。

将“植物纤维”（杉木粉）和“动物纤维”（壳聚糖）作为纤维状互相交错或无规的网络结构较好地分布于 PVC 基质之中制备壳聚糖/杉木粉/PVC 复合材料的思想基于如下两点启发。第一，蟹壳的仿生思想，众所周知，蟹壳的力学性能和防水性能极佳，究其原因与其组成和结构密不可分。早在 1988 年林瑛等采用电子显微镜研究蟹壳中的甲壳素、蛋白质和无机盐三者的形态和存在关系时就发现，甲壳素在蟹壳中呈纤维状互相交错或无规的网络结构，并平行于壳面分层生长；与甲壳素长链大分子结构相似的蛋白质以甲壳素为骨架，沿甲壳素层片状生长；而无机盐（主要为 $CaCO_3$）呈蜂窝状多孔状结晶结构，填充在甲壳素与蛋白质组成的层与层间的空隙中。第二，与 PE、PP 等聚烯烃类基体不同，PVC 基木塑复合材料由于 PVC（聚氯乙烯）分子链中本身所带的氯原子而具有一定的极性，同时也破坏了长链分子的规整性，在界面改性方面和聚烯烃基木塑复合材料的方法不完全相同，有其特别之处。在界面结合性能改进方面，除常规的从高分子链的缠绕和界面良好的力学接触出发外，还可以从改善树脂与木质纤维之间的酸碱作用着手。具有弱碱性的天然高分子壳聚糖在 2005 年最先被报道对提升 PVC 基木塑复合材料的力学性能有一定的作用，此后，便无进一步的研究报道。

现阶段木塑复合材料的制备方法主要包括模压法、挤出法和注塑法，在实际生产当中，挤出法由于有许多优点，使用率相对较高，其优点包括：①熔融混合效果优良，混合物料在运动过程中与料筒、螺杆以及物料与物料之间相互摩擦、剪切，产生大量的热，与热传导共同作用使加入的物料不断熔融，最终均匀混合；②产品多样化，可以根据需要生产任意长度的板材、管材、棒材、片材及各种异型材等；③加工连续程度高，在物料稳定的情况下，可以连续挤出；④一机多用，只要根据物料性能特点和产品的形状、尺寸更换不同的螺杆和机头，就可用一台挤出机加工多种物料和多种制品，与压机配合，还可生产各种压制成型件。

在木塑复合材料的制备过程中，影响制品物理力学性能的因素很多，包括木种的选择、尺寸颗粒的大小、热塑性树脂的种类和型号、添加剂的种类、用量及挤出过程中的各项工艺参数（主要且容易控制的如料筒温度、螺杆转速、模头温度等）。本章选用同一脱乙酰度下的天然壳聚糖与固定配比、尺寸颗粒的杉木粉和 PVC 树脂，通过锥形双螺杆挤出机“一步挤出成型法”制备壳聚糖/杉木粉/PVC 复合材料，采用正交设计法研究了不同壳聚糖分子量、料筒温度、模头温度及双螺杆转速对复合材料综合力学性能的影响并优化其制备工艺，皆在为下一步深入分析壳聚糖对整个复合体系天然偶联功能的效用机制提供理论依据和前期铺垫。

4.1 原材料与工艺方法

4.1.1 实验材料

（1）木质纤维原料

杉木（*Cunninghamia lanceolata*），原木为 10～11 年生，径级 13～16cm，采自广东乐昌龙山林场，由广东威华木业股份有限公司提供，其主要性能指标见表 4.1。

表 4.1 杉木木材的主要性能指标

树种	基本密度/(g/cm^3)	顺纹抗压强度/MPa	抗弯强度/MPa	顺纹抗拉强度/MPa
杉木	0.508	45.37	69.68	77.13

（2）热塑性树脂原料

PVC树脂（型号SG-5），购自天津大沽化工股份有限公司，参数见表4.2。

表4.2 PVC树脂的主要特性参数

性能参数名称	数值	性能参数名称	数值
密度/(g/cm^3)	1.35～1.45	平均聚合温度/℃	58
比热容/[J/(g·℃)]	1.04～1.46	脆化点/℃	−50～60
热导率/[kW/(m·K)]	2.1	软化点/℃	75～85
颗粒大小/μm	60～150	玻璃化转变温度/℃	80左右
黏数	117～107	高弹态温度/℃	85～175
聚合度	1150～1000	黏流态温度/℃	175～190
溶解度参数/$(J/cm^3)^{1/2}$	<8	起始分解温度/℃	120以上
*K*值	68～66	快速分解温度/℃	180以上
增塑剂吸收量(g/100g树脂)	>20	剧烈分解温度/℃	200以上

（3）天然壳聚糖改性剂

壳聚糖（工业级），简写为CS，脱乙酰度95%，包含三种平均分子量（320000、560000、860000），灰分含量约0.7%，购自浙江金壳生物化学有限公司。

（4）其他助剂及添加剂

钙-锌复配热稳定剂，商品名Baerostab，购自马来西亚Baerlocher公司；

硬脂酸单甘油酯（GMS），购自南京嘉瑞化工贸易有限公司；

聚乙烯（PE）蜡，购自南京天诗实验微粉有限公司；

邻苯二甲酸二辛酯（DOP），购自天津市富宇精细化工有限公司；

ACR加工助剂，型号ACR-401；CPE加工助剂，型号135-A，购自山东瑞丰高分子材料股份有限公司；

轻质碳酸钙（$CaCO_3$），粒径1～3μm，密度为2.30～2.50g/cm^3，由广州韶关名山新材料科技有限公司提供。

4.1.2 实验仪器

实验中的主要仪器设备见表4.3。

表 4.3 实验设备一览表

仪器名称	型号	生产厂家
单鼓轮长材刨片机	BX-484	信阳木工机械设备有限公司
锥形双螺杆挤出机	LSE-35	广东联塑机器制造有限公司
万能力学试验机	CMT5504	深圳三思纵横科技股份有限公司
简支梁冲击试验机	ZWICK5113	德国 Zwick/Roell 公司
万能制样机	ZHY-W	承德材料试验机厂
原木推台锯	MJT-3000	河北昌宇机械厂

4.1.3 实验方法

（1）样品的前处理

用原木推台锯将杉木原木去皮，然后放入单鼓轮长材刨片机中进行刨切处理，使样品形状成为薄片状，然后通过手提式粉碎机将木片进一步粉碎，过筛并进行振动分选，选取尺寸为 80～100 目的杉木粉颗粒（WF），并将其放入电热鼓风干燥箱，在温度 105℃下干燥至含水率低于 1%，密封待用；采用同样方法将壳聚糖进行粉碎和振动分选，控制其颗粒尺寸为 100～120 目，干燥至含水率 1%以下，密封待用。

将杉木木粉、壳聚糖放入高速混合机中，在温度 60℃、转速 1000r/min 条件下混合 5min，取出，然后在混合机中顺序放入 PVC 树脂、塑化剂、热稳定剂、加工助剂、润滑剂及无机填料（各组分的比例具体见表 4.4），在温度 120℃、转速 1400r/min 下混合 10min，最后加入先前已混合好的木粉和壳聚糖，在温度 100℃、转速 1200r/min 下再混合 10min，冷却后待用。

表 4.4 壳聚糖/杉木粉/PVC 复合材料各组分比例

名称	PVC 树脂	钙-锌复配稳定剂	单硬脂酸甘油酯	邻苯二甲酸二辛酯	加工助剂	杉木粉	PE 蜡	壳聚糖	$CaCO_3$
配比/份	100	5	1.5	6	6	40	0.8	10	5

（2）挤出工艺的正交试验设计

使用 L_9（3^4）的正交试验表对壳聚糖/杉木粉/PVC 复合材料的挤出工艺及参数进行探究和优化，将壳聚糖分子量、料筒温度、模头温度及双螺杆转速 4 个因素设置为正交试验因子，每个因子设置 3 个水平，见表 4.5。

表 4.5 正交试验因子与水平

水平	试验因子			
	四个区料筒温度(A)/℃	双螺杆转速(B)/(r/min)	模头温度(C)/℃	壳聚糖分子量(D)/万
1	115、135、158、182	15	180	32
2	125、145、168、186	25	186	56
3	135、155、178、190	40	192	86

(3) 综合力学性能评价分析

分别参考《木塑装饰板》(GB/T24137—2009)、《塑料弯曲性能试验方法》(GB/T 9341—2000)、《塑料拉伸性能试验方法》(GB/T 1040—1992)、《塑料悬臂梁冲击强度的测定》(GB/T 1843—2008) 及《塑木复合材料产品物理力学性能测试》(GB/T 29418—2012) 分析评价所制备的木塑复合材料的外观质量、弯曲强度、弯曲模量、拉伸强度、抗冲击强度及密度等指标，采用 SPSS 对各组中的各项数据进行方差分析，同时对各参数进行后筛选及优化。

4.2 外观质量

如图 4.1 所示，正交试验的 9 组壳聚糖/杉木粉/PVC 复合材料样品的外观质量各不相同，其中，组 1、4、5、6、7、8 的样品表面较为光滑，而组 2、3、9 表面光滑程度相对较差，且伴随有一定程度的鼓泡现象，这是由于在双螺杆转速和模头温度相对高的情况下，混合物料刚离开模头时压力和温度瞬间骤降，导致具有极强吸湿性的杉木粉、壳聚糖在预处理过程中将吸附的少量水分释放出来，产生鼓泡现象。

另外，相比其余各组，组 6 和组 8 的样品颜色相对偏深，且组 8 样品尤为明显，这是由于在料筒四个区温度和双螺杆转速相对较高的情况下，组 6 为 125℃、145℃、168℃、186℃，40r/min，组 8 为 135℃、155℃、178℃、190℃，25r/min，物料在料筒中受到较高的热传递和剪切挤压作用，最大限度地加速了 PVC 树脂的热降解过程，导致 PVC 更快进入“糊料”的初期，使得制品颜色加深。

图 4.1 不同组别的壳聚糖/杉木粉/PVC 复合材料样品

4.3 弯曲强度

壳聚糖/杉木粉/PVC 复合材料弯曲强度正交试验结果如表 4.6 所示。表中数据显示，1～9 组不同组别复合材料样品所对应的弯曲强度值各有差异，采用极差分析法和方差分析法相结合所得出的变化趋势直观图和方差分析表分别如图 4.2 及表 4.7 所示。

表 4.6 壳聚糖/杉木粉/PVC 复合材料弯曲强度正交试验结果

试验号	料筒温度(A)	双螺杆转速(B)	模头温度(C)	CS 分子量(D)	弯曲强度/MPa
1	1	1	1	1	49.17
2	1	2	2	2	46.59
3	1	3	3	3	29.16
4	2	1	2	3	46.86
5	2	2	3	1	33.58
6	2	3	1	2	46.81
7	3	1	3	2	40.97
8	3	2	1	3	60.98
9	3	3	2	1	27.54
T_1	125.65	137.08	157.65	110.19	
T_2	126.58	140.54	120.48	134.33	T=381.83

续表

试验号	料筒温度(A)	双螺杆转速(B)	模头温度(C)	CS分子量(D)	弯曲强度/MPa
T_3	129.60	104.21	103.70	137.31	
X_1	41.88	45.69	52.55	36.73	
X_2	42.19	46.85	40.16	44.78	X=42.43
X_3	43.20	34.74	34.57	45.77	

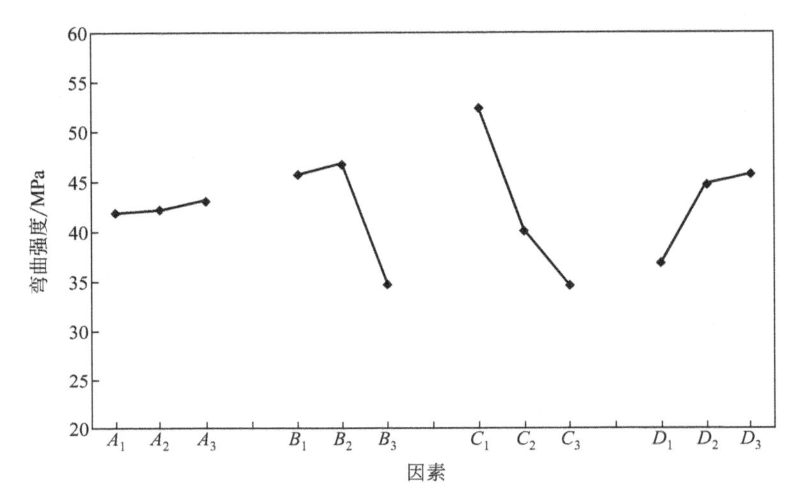

图 4.2 壳聚糖/杉木粉/PVC 复合材料弯曲强度各因素影响变化趋势

A—料筒温度；*B*—双螺杆转速；*C*—模头温度；*D*—壳聚糖分子量

表 4.7 壳聚糖/杉木粉/PVC 复合材料弯曲强度方差分析表

方差来源	平方和	自由度 df	均方	*F* 值	Sig.
A	8.497	2	4.248	27.351	0.000
B	804.554	2	402.277	2589.827	0.000
C	1524.122	2	762.061	4906.088	0.000
D	442.171	2	221.085	1423.331	0.000
误差	2.796	18	0.155		
总计	51380.189	27			

从图 4.2 可知，对于因素 *A*（料筒温度）来说，当料筒温度从 A_1（115℃、135℃、158℃、182℃）增加到 A_3（135℃、155℃、178℃、190℃）时复合材料样品的弯曲强度随料筒温度的增加而升高，从原先的 41.88MPa 升到 43.20MPa；对于因素 *B*（双螺杆转速），复合材料样品的弯曲强度则随双螺杆转速从 15r/min 增加到 40r/min 而呈现先从

45.69MPa 略微升至 46.85MPa 后，再突然降低至 34.74MPa 的变化趋势；当因素 C（模头温度）从 180℃增加到 192℃时，样品的弯曲强度则大幅度降低，从 52.55MPa 到 34.57MPa；而对于因素 D（壳聚糖分子量），复合材料样品的弯曲强度则随着壳聚糖分子量从 320000 增加至 860000 呈现出从 36.73MPa 至 45.77MPa 的增加趋势。综合考虑这四种因素，优选出弯曲强度值达到最大时的最佳组合为：$A_3B_2C_1D_3$。

从表 4.7 的方差分析中也发现，A、B、C、D 四个因素的 Sig. 值均为 0.000，这说明各因素中的三水平之间对复合材料样品的弯曲强度的影响均十分显著。另外，各因素的 F 值由大到小的排列顺序为：C（4906.880）$>B$（2589.827）$>D$（1423.331）$>A$（27.351），这说明四个因素进行横向比较时，对弯曲强度影响相对较大的因素为 C（模头温度），较小的为料筒温度（A）。

4.4 弯曲模量

壳聚糖/杉木粉/PVC 复合材料弯曲模量的正交试验结果如表 4.8 所示。从表中的数据可知，1～9 组不同组别复合材料样品所对应的弯曲模量值各有差异，采用极差分析法和方差分析法相结合所得出的变化趋势直观图和方差分析表分别如图 4.3 及表 4.9 所示。

表 4.8 壳聚糖/杉木粉/PVC 复合材料弯曲模量正交试验结果

试验号	料筒温度(A)	双螺杆转速(B)	模头温度(C)	CS 分子量(D)	弯曲模量/MPa
1	1	1	1	1	2581
2	1	2	2	2	3061
3	1	3	3	3	1090
4	2	1	2	3	1368
5	2	2	3	1	683
6	2	3	1	2	2055
7	3	1	3	2	1478
8	3	2	1	3	4148
9	3	3	2	1	1937
T_1	6732	5427	8784	5201	
T_2	4106	7892	6366	6594	T=18366

续表

试验号	料筒温度(A)	双螺杆转速(B)	模头温度(C)	CS分子量(D)	弯曲模量/MPa
T_3	7563	5082	3215	6606	
X_1	2244	1809	2928	1734	
X_2	1369	2631	2122	2198	X=2041
X_3	2521	1694	1072	2202	

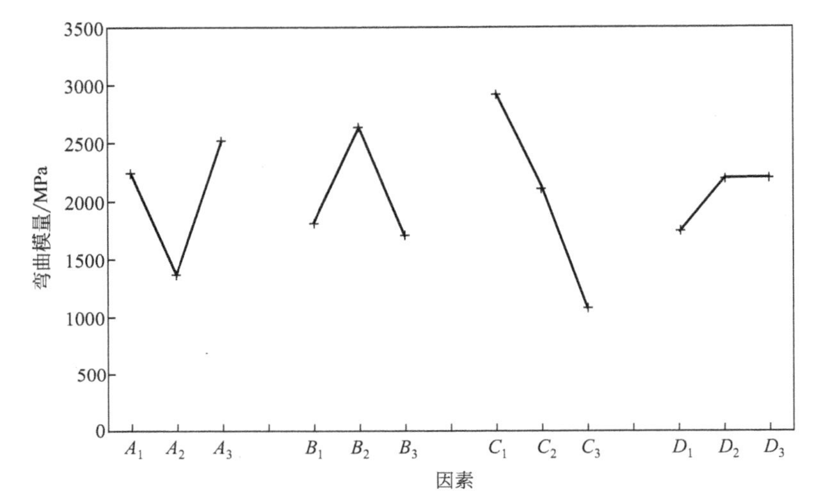

图 4.3 壳聚糖/杉木粉/PVC复合材料弯曲模量各因素影响变化趋势

A—料筒温度；B—双螺杆转速；C—模头温度；D—壳聚糖分子量

表 4.9 壳聚糖/杉木粉/PVC复合材料弯曲模量方差分析表

方差来源	平方和	自由度 df	均方	F 值	Sig.
A	6512029.852	2	3256014.926	4156.615	0.000
B	4697587.852	2	2348793.926	2998.460	0.000
C	1.539×10^7	2	7696005.815	9824.688	0.000
D	1303629.407	2	651814.704	832.104	0.000
误差	14100.000	18	783.333		
总计	1.408×10^8	27			

从图 4.3 可知，对于因素 A（料筒温度）来说，当料筒温度从 A_1（115℃、135℃、158℃、182℃）增加到 A_3（135℃、155℃、178℃、190℃）时复合材料样品的弯曲模量从 2244MPa 先降低到 1369MPa，再升高至 2521MPa，呈“V”形状；对于因素 B（双螺杆转速）来说，复合材料样品的弯曲模量与因素 A 相反，随双螺杆转速从 15r/min 增加到

40r/min，而从 1809MPa 先升高到 2631MPa，再降低至 1694MPa，呈“∧”形状；而当模头温度（因素 C）从 180℃升高到 192℃时，弯曲模量从 2928MPa 大幅度下降至 1072MPa；对于因素 D（壳聚糖的分子量）来说，弯曲模量的变化趋势与弯曲强度类似，先从 1734MPa 快速增加至 2198MPa 后，几乎保持稳定（2202MPa）。综合考虑这四种因素的作用，优选出弯曲模量值的最佳组合为：$A_3B_2C_1D_3$，这与弯曲强度的分析完全一致。

从表 4.9 的方差分析中也发现，A、B、C、D 四个因素的 Sig. 值均为 0.000，这说明各因素中的三水平之间对复合材料样品的弯曲模量的影响均十分显著。另外，各因素的 F 值由大到小的排列顺序为：C（9824.688）$>A$（4156.651）$>B$（2998.460）$>D$（832.104），这说明四个因素进行横向比较时，弯曲模量影响相对较大的因素为 C（模头温度），较小的为壳聚糖分子量（D）。

4.5 拉伸强度

壳聚糖/杉木粉/PVC 复合材料拉伸强度的正交试验结果如表 4.10 所示，表中的数据，1～9 组不同组别复合材料样品所对应的拉伸强度值各有差异，采用极差分析法和方差分析法相结合所得出的变化趋势直观图和方差分析表分别如图 4.4 及表 4.11 所示。

表 4.10　壳聚糖/杉木粉/PVC 复合材料拉伸强度正交试验结果

试验号	料筒温度(A)	双螺杆转速(B)	模头温度(C)	CS 分子量(D)	拉伸强度/MPa
1	1	1	1	1	16.62
2	1	2	2	2	22.84
3	1	3	3	3	17.48
4	2	1	2	3	30.42
5	2	2	3	1	19.07
6	2	3	1	2	26.37
7	3	1	3	2	24.42
8	3	2	1	3	35.87
9	3	3	2	1	14.83

续表

试验号	料筒温度(A)	双螺杆转速(B)	模头温度(C)	CS分子量(D)	拉伸强度/MPa
T_1	56.94	71.46	78.86	50.52	
T_2	75.86	77.78	68.09	73.63	T=207.91
T_3	75.12	58.68	60.97	83.77	
X_1	18.98	23.82	26.29	16.84	
X_2	25.16	25.93	22.70	24.54	X=23.10
X_3	25.29	19.56	20.32	27.92	

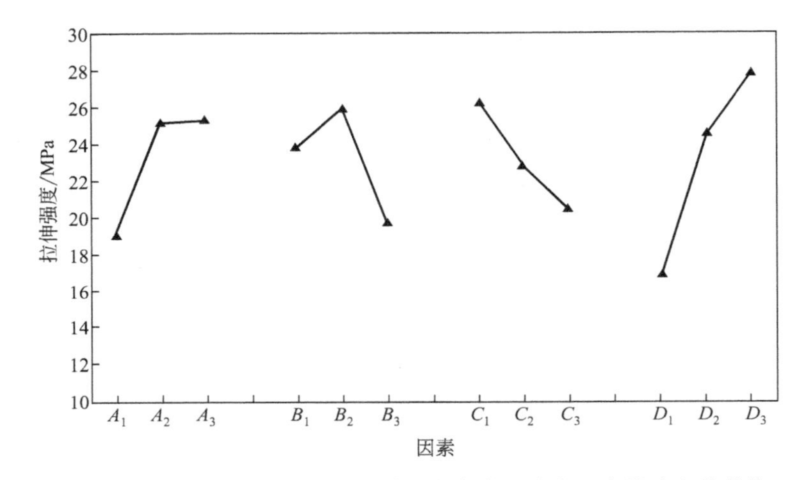

图 4.4 壳聚糖/杉木粉/PVC复合材料拉伸强度各因素影响变化趋势

A—料筒温度；*B*—双螺杆转速；*C*—模头温度；*D*—壳聚糖分子量

表 4.11 壳聚糖/杉木粉/PVC复合材料拉伸强度方差分析表

方差来源	平方和	自由度 df	均方	*F* 值	Sig.
A	229.923	2	114.961	1523.490	0.000
B	189.360	2	94.680	1254.719	0.000
C	162.413	2	81.207	1076.165	0.000
D	581.107	2	290.554	3850.471	0.000
误差	1.358	18	0.075		
总计	15573.018	27			

从图 4.4 可知，对于因素 *A*（料筒温度）来说，当料筒温度从 A_1（115℃、135℃、158℃、182℃）增加到 A_3（135℃、155℃、178℃、190℃）时复合材料样品的拉伸强度从 18.98MPa 先升高到 25.16MPa，然后基本呈稳定趋势，为 25.29MPa；对于因素 *B*（双螺杆转速）来说，复

合材料样品的拉伸强度随双螺杆转速从15r/min增加到40r/min从23.82MPa先升高到25.93MPa，再降低至19.56MPa，呈现“∧”形状；而当模头温度（因素C）从180℃升高到192℃时，拉伸强度与先前分析的弯曲强度和模量一致，均呈现大幅度降低趋势，从26.29MPa大幅度下降至20.32MPa；而对于因素D（壳聚糖分子量）来说，复合材料样品的拉伸强度则随着壳聚糖分子量从320000增加至860000而呈现出从16.84MPa至27.92MPa的增加趋势。综合考虑这四种因素，优选出拉伸强度值达到最大时的最佳组合为：$A_3B_2C_1D_3$。

从表4.11的方差分析中也发现，A、B、C、D四个因素的Sig.值均为0.000，这说明各因素中的三水平之间对复合材料样品的拉伸强度的影响均十分显著。另外，各因素的F值由大到小的排列顺序为：D（3850.471）>A（1523.490）>B（1254.719）>C（1076.165），这说明在四个因素进行横向比较时，对拉伸强度影响相对较大的因素为D（壳聚糖分子量），较小的为C（模头温度）。

4.6 抗冲击强度

壳聚糖/杉木粉/PVC复合材料抗冲击强度正交试验结果如表4.12所示，从表中的数据能够发现，1～9组不同组别复合材料样品所对应的抗冲击强度值各有差异，采用极差分析法和方差分析法相结合所得出的变化趋势直观图和方差分析表分别如图4.5及表4.13所示。

表4.12 壳聚糖/杉木粉/PVC复合材料抗冲击强度正交试验结果

试验号	料筒温度(A)	双螺杆转速(B)	模头温度(C)	CS分子量(D)	抗冲击强度/(kJ/m^2)
1	1	1	1	1	0.72
2	1	2	2	2	1.1
3	1	3	3	3	0.74
4	2	1	2	3	0.49
5	2	2	3	1	0.63
6	2	3	1	2	0.92
7	3	1	3	2	1.1
8	3	2	1	3	1.16
9	3	3	2	1	0.59

续表

试验号	料筒温度(A)	双螺杆转速(B)	模头温度(C)	CS分子量(D)	抗冲击强度/(kJ/m^2)
T_1	2.56	2.31	2.8	1.94	
T_2	2.04	2.89	2.18	3.12	T=7.45
T_3	2.85	2.25	2.47	2.39	
X_1	0.85	0.77	0.93	0.65	
X_2	0.68	0.96	0.73	1.04	X=0.82
X_3	0.95	0.75	0.82	0.80	

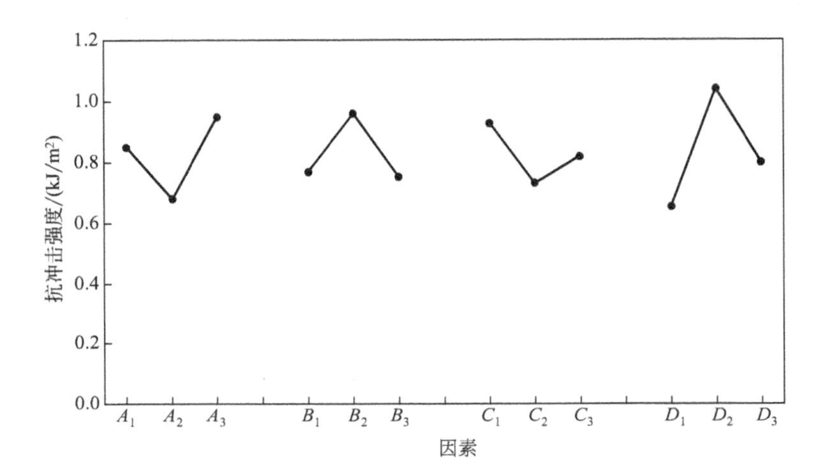

图 4.5　壳聚糖/杉木粉/PVC复合材料抗冲击强度各因素影响变化趋势

A—料筒温度；B—双螺杆转速；C—模头温度；D—壳聚糖分子量

表 4.13　壳聚糖/杉木粉/PVC复合材料抗冲击强度方差分析表

方差来源	平方和	自由度 df	均方	F 值	Sig.
A	0.307	2	0.154	204.473	0.000
B	0.230	2	0.115	153.059	0.000
C	0.222	2	0.111	147.961	0.000
D	0.684	2	0.342	454.892	0.000
误差	0.014	18	0.001		
总计	20.008	27			

从图 4.5 可知，对于因素 A（料筒温度）来说，当料筒温度从 A_1（115℃、135℃、158℃、182℃）增加到 A_3（135℃、155℃、178℃、190℃）时复合材料样品的抗冲击强度从 0.85kJ/m^2 先降低到 0.68kJ/m^2，然后升高到 0.95kJ/m^2，呈现"V"形状；对于因素 B（双螺杆转速）来

说，复合材料样品的抗冲击强度随双螺杆转速从 15r/min 增加到 40r/min，从 0.77kJ/m^2 先升高到 0.96kJ/m^2，再降低至 0.75kJ/m^2，呈现相反的“∧”形状；而当模头温度（因素 C）从 180℃升高到 192℃时，抗冲击强度也同样呈现“∨”形状，从 0.93kJ/m^2 下降至 0.73kJ/m^2，再升高至 0.82kJ/m^2；而对于因素 D（壳聚糖分子量），复合材料样品的抗冲击强度则随着壳聚糖分子量从 320000 增加至 860000 而呈现“∧”形状，即从 0.65kJ/m^2 大幅度升高至 1.04kJ/m^2，再降至 0.80kJ/m^2。综合考虑这四种因素，优选出抗冲击强度值达到最大时的最佳组合为：$A_3B_2C_1D_2$。

从表 4.13 的方差分析中也发现，A、B、C、D 四个因素的 Sig. 值均为 0.000，这说明各因素的水平之间对材料样品的抗冲击强度的影响均十分显著。各因素的 F 值由大到小排列顺序为：$D(454.892)>A(204.473)>B(153.059)>C(147.961)$，这说明对抗冲击强度影响相对较大的因素为 D（壳聚糖分子量），较小的为 C（模头温度）。

4.7 密度

壳聚糖/杉木粉/PVC 复合材料密度的正交试验结果如表 4.14 所示。表中数据显示，1～9 组不同组别复合材料样品所对应的密度值各有差异，采用极差分析法和方差分析法相结合所得出的变化趋势直观图和方差分析表分别如图 4.6 及表 4.15 所示。

表 4.14 壳聚糖/杉木粉/PVC 复合材料密度正交试验结果

试验号	料筒温度(A)	双螺杆转速(B)	模头温度(C)	CS 分子量(D)	密度/(g/cm^3)
1	1	1	1	1	1.20
2	1	2	2	2	1.20
3	1	3	3	3	1.00
4	2	1	2	3	1.18
5	2	2	3	1	0.97
6	2	3	1	2	1.20
7	3	1	3	2	1.11
8	3	2	1	3	1.30
9	3	3	2	1	0.94
T_1	3.40	3.49	3.7	3.11	
T_2	3.35	3.47	3.32	3.50	T=10.1

续表

试验号	料筒温度(A)	双螺杆转速(B)	模头温度(C)	CS分子量(D)	密度/(g/cm^3)
T_3	3.35	3.14	3.08	3.48	
X_1	1.13	1.16	1.23	1.04	
X_2	1.11	1.15	1.11	1.17	X=3.37
X_3	1.11	1.05	1.03	1.17	

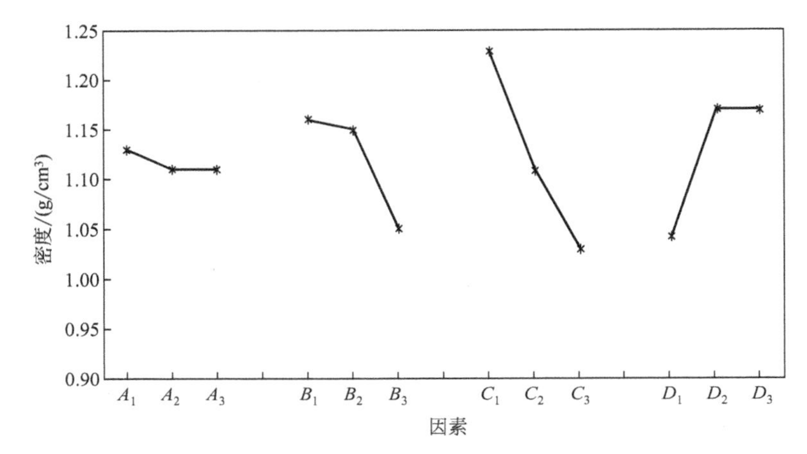

图 4.6 壳聚糖/杉木粉/PVC复合材料密度各因素影响变化趋势

A—料筒温度；B—双螺杆转速；C—模头温度；D—壳聚糖分子量

表 4.15 壳聚糖/杉木粉/PVC复合材料密度方差分析表

方差来源	平方和	自由度 df	均方	F 值	Sig.
A	0.002	2	0.001	0.898	0.425
B	0.077	2	0.039	28.615	0.000
C	0.184	2	0.092	68.341	0.000
D	0.102	2	0.051	37.739	0.000
误差	0.024	18	0.001		
总计	34.326	27			

从图 4.6 可知，对于因素 A（料筒温度）来说，当料筒温度从 A_1（115℃、135℃、158℃、182℃）增加到 A_3（135、155、178、190℃）时，复合材料样品的密度先从 1.13g/cm^3 略微降低至 1.11g/cm^3，然后基本呈稳定趋势；对于因素 B（双螺杆转速）来说，复合材料样品的密度随双螺杆转速从 15r/min 增加到 40r/min 呈现降低趋势，从 1.16g/cm^3 降低至 1.05g/cm^3；而当模头温度（因素 C）从 180℃升高到 192℃时，与先前因

素 A 和 B 分析一致，密度也显著降低，从 1.23g/cm^3 下降至 1.03g/cm^3；而对于因素 D（壳聚糖分子量）来说，复合材料样品的密度则随着壳聚糖分子量从 320000 增加至 860000 呈上升趋势，从 1.04g/cm^3 至 1.17g/cm^3 后保持平稳。综合考虑这四种因素，为使所制备的复合材料质量较轻，优选出密度值最小时的最佳组合为：$A_3B_3C_3D_1$。

从表 4.15 的方差分析中也发现，A 因素（料筒温度）方差分析的 Sig. 值为 0.425，该值大于 0.05，这说明因素 A 的三水平对密度值的影响不显著，而其余的 B、C、D 三个因素的 Sig. 值均为 0.000，说明该三种因素中的三水平之间对复合材料样品密度的影响显著。另外，该三因素的 F 值由大到小的排列顺序为：$C(68.341)>D(37.739)>B(28.615)$，这说明三因素中对复合材料密度影响相对较大的因素为 C（模头温度），较小的为 B（双螺杆转速）。

4.8 综合分析

在上述分析的各项指标中，弯曲强度、弯曲模量、拉伸强度及抗冲击强度值应越大越好，而密度值则可以根据材料的不同使用场所选择不同的值，在此选择密度相对较低的指标为最优指标来考虑，将各指标相对应的各最优工艺归纳于表 4.16。

表 4.16　各指标最优工艺

指标	弯曲强度	弯曲模量	拉伸强度	抗冲击强度	密度
最优工艺组合	$A_3B_2C_1D_3$	$A_3B_2C_1D_3$	$A_3B_2C_1D_3$	$A_3B_2C_1D_2$	$A_3B_3C_3D_1$

从表 4.16 中可知，对于弯曲强度、弯曲模量、拉伸强度三个指标来说，其最优的工艺组合为 $A_3B_2C_1D_3$。而抗冲击强度除 D 因素不同外（为 D_2），其余三个指标均一致；对于密度来说，使得材料保持最轻的指标为 $A_3B_3C_3D_1$，其中的 B、C、D 因素与上述四个指标对应的最优值有所差异，综合考虑几个有差异的因素，B 因素（双螺杆转速）越高，则在复合材料制备过程中所消耗能量越多，而且对挤出设备的磨损也更大，会减少设备使用寿命，故选择 B_2 更佳；而 C 因素（模头温度）应该更好地与料筒温度配合起来，考虑到挤出过程中，模头温度与料筒最后一区温度相差过小易导致背压不足，故选择 C_1 因素更适合。对于因素 D 来说，考虑到本研究接下来涉及壳聚糖对 PVC/杉木粉复合材料界面增强性能和机

理的研究，故选择对综合力学性能较佳的 D_3 因素为宜。

4.9 最优工艺验证

根据上面分析得到的最优工艺 $A_3B_2C_1D_3$，并考虑到实际情况，补充一个验证试验，以便对下一步壳聚糖对杉木粉/PVC 复合材料的界面增强作用和机理研究增加科学性和合理性。所得试验结果如表 4.17 所示，从表中看出各项参数指标的指数均相对较高，说明正交试验的优化数据准确可靠。

表 4.17 最优工艺验证试验结果

指标	弯曲强度/MPa	弯曲模量/MPa	拉伸强度/MPa	抗冲击强度/(kJ/m^2)	密度/(g/cm^3)
数值	59.87	3224	25.11	1.08	1.21

参考文献

[1] 赵爱国，董朝红. 甲壳素/棉纤维混纺梭织家纺面料前处理工艺探讨（1）[J]. 染整技术，2011，3（8）：25-27.

[2] Suzuki K，Mikami T，Okawa Y，et al. Antitumor effect of hexa-N-acetylchitohexaose and chitohexaose [J]. Carbobydrate Research，1986，151：403-408.

[3] 王载利，李达，马建伟. 壳聚糖纤维的应用前景及其生产技术的新进展 [J]. 现代纺织技术，2011，(2)：52-54.

[4] 林瑛，林瑞洵. 梭子蟹壳的组份形态及存在关系的电子显微镜分析 [J]. 广州化学，1988，(2)：29-34.

[5] Shah B L，Matuana L M. Novel coupling agents for PVC/wood-flour composites [J]. Journal of Vinyl and Additive Technology，2005，11（4）：160-165.

第5章

壳聚糖生物改性PVC基木塑复合材料界面结合性

广义复合材料的界面理论包括浸润性理论、化学键理论、过渡层理论、可逆水解理论、摩擦理论、扩散理论、静电理论及酸碱作用理论等。由于复合材料种类的多样性及界面相结构与性能的复杂性，在很多时候需要综合应用几种理论才能很好地解释界面结合作用。在大多数的木质纤维/热塑性树脂基复合材料中，木质纤维与热塑性基体树脂复合后两相界面归纳起来主要受三种作用力的影响较大，即物理作用中的范德华力、机械啮合力以及化学作用中的键合力，这三种相互作用力的强弱是影响木塑复合材料界面结合强度的主要因素。

然而，正如在综述部分所提到的一样，不像PE、PP等聚烯烃树脂中大分子链上仅存在C—C键和C—H键而没有C—Cl键，PVC分子链中本身所带的Cl原子具有一定的极性，Cl原子的存在也导致PVC分子的构型和构象变化情况增多，破坏了长链分子的规整性，也影响到材料的结晶特性，这导致在分析PVC基木塑复合材料界面结合特性时所考虑的因素与聚烯烃类木塑复合材料不完全相同。另外，先前的一些研究文献也已经清楚表明，PVC与天然木质纤维进行复合时，Lewis酸碱作用对复合材料的界面结合特性有一定的影响，在界面两相之间，存在其中一相扮演“碱”的角色，对另一相进行电子对的供给；而另一相则扮演“酸”的角色，接受所供给的电子对。通过广泛接受的Lewis酸碱结合理论，近年来，一些研究者选用带有氨基的化学合成偶联剂，如γ-氨丙基三乙氧基硅烷、胺铜溶液、乙醇胺、L-精氨酸和木质素胺等对PVC/木质纤维复合材料进行改性，并有效改善了复合材料的界面结合性能。而天然壳聚糖自身带有氨基，先前已被报道有与上述化学合成偶联剂相似的偶联功效。复合物料的混合作为界面改性的一个重要环节，一般可分为分布混合和分散混合，分布混合侧重点在于研究分散相在连续相中空间位置的均匀性，而分散混合既包括了分布混合的效果，同时也更加着重于改善分散相尺寸的粒径及粒径分布，在生产实际的加工中，两种混合相互依存、相互影响，密不可分。

本章在前述探究出的最佳工艺基础上，模拟木塑复合材料工业生产中常用“两步法”。采用同向双螺杆造粒和锥形双螺杆挤出成型联用的方法制备不同添加量和颗粒尺寸的壳聚糖改性后的壳聚糖/杉木粉/PVC复合材料，通过万能力学试验机、傅里叶变换红外光谱仪（FTIR）、动态黏弹谱仪（DMA）、场发射扫描电镜（SEM）、维卡软化点测试仪（VST）及差示扫描量热仪（DSC）等现代分析仪器多角度深入研究天然壳聚糖对PVC/杉木粉复合材料的界面结合性能增强作用及机理。

5.1 原材料与研究方法

5.1.1 实验材料

本章中所需用到的实验原材料与第 4 章相同，需注意的是，本章所用的壳聚糖平均分子量为 860000，脱乙酰度 95%。另外，试验中用于对比研究的偶联剂型号为 KH550 的硅烷偶联剂，购自广州市穗博化工助剂有限公司。

5.1.2 实验仪器

本章实验中所用到的主要仪器设备见表 5.1。

表 5.1　实验仪器设备一览表

仪器名称	型号	生产厂家
同向双螺杆挤出机	SHJ-20	南京杰恩特机电有限公司
锥形双螺杆挤出机	LSE-35	广东联塑机器制造有限公司
密度天平	GF-300D	日本 A&D 公司
万能力学试验机	CMT5504	深圳三思纵横科技股份有限公司
傅里叶变换红外光谱仪(FTIR)	TENSOR-27	德国 BRUKER 公司
场发射扫描电镜(SEM)	S-4300	日本 HITACHI 公司
动态黏弹谱仪(DMA)	242-C	德国 NETZSCH 公司
维卡软化点测试仪(VST)	HDT-VICAT 6P	意大利 CEAST 公司
差示扫描量热仪(DSC)	204-F1	德国 NETZSCH 公司

5.1.3 实验方法

（1）复合材料制备方法

选取尺寸为 80～100 目的杉木粉颗粒（见第 2 章），并将其放入电热鼓风干燥箱，在温度 105℃下干燥至含水率低于 1%，待用；同样，壳聚糖（CS）进行粉碎和振动分选，控制其颗粒尺寸（见表 5.2），干燥后待用。

表 5.2 壳聚糖/杉木粉/PVC 复合材料主要组分

各组编号	WF/份	CS/份	CS 颗粒尺寸分布/目	硅烷偶联剂/份
WF/PVC	40	0	0	0
WF/PVC/CS-10	40	10	80～100	0
WF/PVC/CS-20	40	20	80～100	0
WF/PVC/CS-30	40	30	80～100	0
WF/PVC/CS-40	40	40	80～100	0
WF/PVC/SA-5	40	0	80～100	5
WF/PVC/CS-a	40	25	100～140	0
WF/PVC/CS-b	40	25	140～180	0
WF/PVC/CS-c	40	25	180～220	0
WF/PVC/CS-d	40	25	>260	0

为了进一步改善壳聚糖在复合物料中的均匀分散性，首先将壳聚糖溶于质量分数为 3% 的稀醋酸溶液中，在温度为 40℃ 的条件下均匀搅拌 20min，然后冷却待用；之后将已干燥好的杉木粉和 PVC 树脂放入高速混合机中，在温度 80℃、转速 1600r/min 条件下混合 10min；然后按照前述章节主要配比及其余添加剂的配比，将壳聚糖稀溶液（或硅烷偶联剂）均匀喷洒在木粉和 PVC 的混合物料之中混合 15min，放入相应配比的塑化剂、热稳定剂、加工助剂、润滑剂及无机填料，在温度 120℃、转速 1400r/min 混合 10min，最后取出物料自然冷却至常温。

将混合后的复合材料用同向双螺杆挤出机在平均转速 10r/min，各区温度范围 140～180℃的条件下挤出圆柱状物料，然后水冷、裁切成颗粒状粒料。之后，在 85℃温度下鼓风干燥 1h 后，将粒料快速转移至锥形双螺杆挤出机中，采用第 2 章所得出的最佳工艺参数，即料筒的四个区温度分别为 135℃、155℃、178℃、190℃，双螺杆转速为 25r/min，模头温度为 180℃的条件下挤出薄片状复合材料，冷却定型后待进一步分析。

（2）界面结合性变化的宏观力学行为表征

复合材料的力学性能（弯曲性能和拉伸性能）采用万能力学试验机根据《塑料弯曲性能试验方法》（GB/T 9341—2000）、《塑料拉伸性能试验方法》（GB/T 1040—1992）进行测定。弯曲性能的测试样品尺寸为 110mm×20mm×5.5mm，跨距和三点弯曲压头速率分别为 88mm 和 2mm/min；拉伸性能的复合样品尺寸为 165mm（L）×20mm（W）×5.5mm（H），拉伸速率为 2mm/min，各试验结果都至少为 5 个测试样品的平均值。测试前，将复合材料试样置于温度为（25±2）℃和相对湿度为 60%的环境中平衡。

力学性能测试时的温度为25℃。

(3) 界面结合性变化的化学基团表征

采用傅里叶变换红外光谱仪通过KBr压片的方法对不同组别的复合材料进行扫描。仪器测试参数为：样品扫描次数64，背景扫描次数64，分辨率4.000，样品增益2.0，扫描波数范围4000～400cm^{-1}。

(4) 界面结合性变化的微观形貌表征

将裁切好的窄条样品在液氮中冷冻约10min后淬断，然后进行干燥和表面喷金处理，在扫描电子显微镜上进行断面观察，加速电压设置为10kV。

(5) 界面结合性变化的动态黏弹特性表征

利用动态黏弹谱仪对复合材料样品进行动态黏弹性能分析，主要探讨测试温度对储能模量、损耗系数的影响。选择三点弯曲夹具，试样尺寸为55mm (L)×11mm (W)×4.8mm (H)，频率1Hz，温度范围：30～150℃，升温速率3℃/min。

(6) 界面结合性变化对维卡软化点的影响

采用维卡软化点测试仪根据《热塑性塑料维卡软化温度（VST）的测定》(GB/T 1633—2000) 对复合材料样品的维卡软化点进行测定，测定条件为载荷 (10±0.2) N，升温速率 (120±10)℃/h，设定起始温度为40℃，最大终止温度为120℃。

(7) 界面结合性变化对玻璃化转化点的影响

采用差示扫描量热仪探究复合材料的相容性，称取6～10mg复合材料样品置于铝坩埚中。测试条件设置为：升温速率5℃/min，氮气流量25mL/min，温度范围40～200℃。

(8) 界面结合性变化对密度的影响

取裁切好的尺寸为50mm (L)×50mm (W)×5mm (H) 的样品在密度天平上直接进行密度测定，每组样品至少测试5次，取平均值。

(9) 界面结合性变化对吸水稳定性影响

水分吸附行为的测试参考美国标准ASTM D570—95实施，将尺寸大小为20mm (L)×20mm (W)×5mm (H) 的复合材料样品完全浸入(23±2)℃的水浴中浸泡48d，每2天用镊子将样品取出，快速用滤纸擦干材料表面的水分，然后用电子天平 (0.0001g) 称重并记录数据，水分吸附行为采用式(5.1) 进行计算和研究，每组样品设置5个重复，取其平均值。

$$\frac{M_t}{M_\infty}=4\left(\frac{Dt}{\pi h^2}\right)^{\frac{1}{2}} \tag{5.1}$$

式中 M_t——某时间下复合样品的实时含水率，%；

M_∞——复合样品所能达到的最大含水率，%；

D——扩散系数；

h——复合样品在最大含水率下所对应的厚度，mm。

5.2 界面结合性变化的宏观力学行为

图 5.1 是在杉木粉/PVC 复合材料中分别添加不同含量的天然壳聚糖和硅烷偶联剂改性后，熔融共混挤出制备的复合材料的力学性能（主要是拉伸强度和弯曲强度）。如图 5.1 所示，仅添加 10 份壳聚糖改性的复合材料的弯曲强度及拉伸强度均略有降低，分别从 64.10MPa 和 37.06MPa 降至 63.34MPa 和 35.78MPa。但随着壳聚糖添加量逐渐升高，其力学性能的改善较为明显，当添加量达到一定值（30 份）时，复合材料的弯曲强度和拉伸强度均达到最大值，分别是 74.70MPa 和 42.45MPa，相比未处理的样品，增加率分别为 16.54% 和 14.53%，而

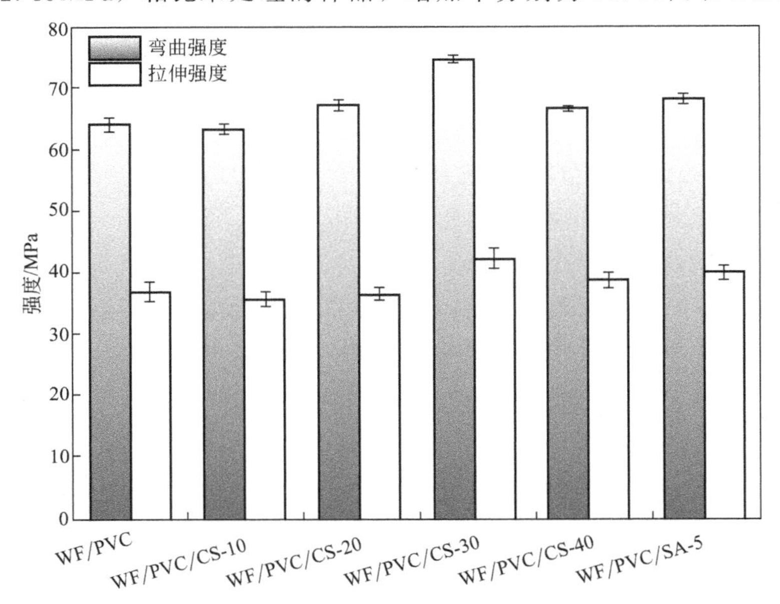

图 5.1 不同壳聚糖、硅烷偶联剂添加量下复合材料的力学性能

超过 30 份添加量时，壳聚糖对复合材料的力学性能起到相反的作用，弯曲强度和拉伸强度值下降，说明在适当的添加量下，天然壳聚糖有利于改善杉木粉与 PVC 树脂间的界面结合性能，提高两者之间的相容性。但当壳聚糖添加量超过一定值后，复合材料的力学性能开始下降，这主要是由于过量的壳聚糖的添加易导致其自身团聚，难以有效地分散在木粉和 PVC 树脂之间，另外一个可能的原因是，壳聚糖有类似天然偶联剂的功效，但需要与木粉和 PVC 基体间有“桥”连般的配合才能发挥其最大功效，这在接下来的分析中也能得到证实。相比未处理的样品，添加 5 份硅烷偶联剂的复合材料弯曲强度和拉伸强度分别提升 6.01% 和 8.23%，结合上述分析表明，天然壳聚糖对界面的改善效果优于人工合成的硅烷偶联剂。

从图 5.2 中也能得知，在同样的壳聚糖添加量下，不同颗粒尺寸（不同目数）的壳聚糖对复合材料的力学性能也有一定的影响。复合材料的弯曲强度随着壳聚糖目数的增加而增大，当目数从 100～140 目范围内增加至大于 260 目时，其弯曲强度由 59.70MPa 增加至 68.52MPa，这是由于壳聚糖目数越大（颗粒尺寸越小），其比表面积越大，从而更加有效地提升了界面结合；而拉伸强度则随着壳聚糖目数的增加呈现先增大后轻微减小的趋势，在颗粒尺寸为 180～220 目时达到最大值，为 38.63MPa，这可能是由于目数过大，壳聚糖纤维被破坏的程度增大，纤维部分断裂，故在复合材料被拉伸时，材料整体抵抗界面剪切的能力降低。

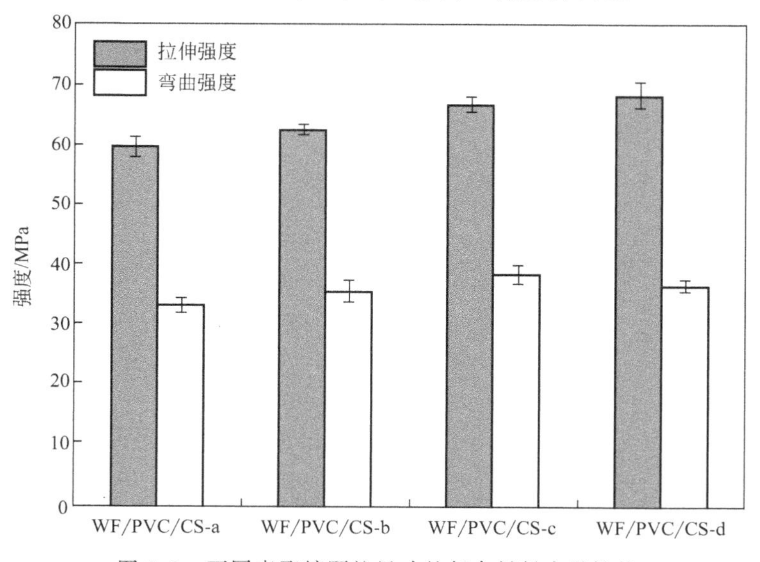

图 5.2　不同壳聚糖颗粒尺寸的复合材料力学性能

5.3 界面结合性变化的化学基团

(1) 纯杉木粉和壳聚糖 FTIR 分析

图 5.3 为杉木粉和壳聚糖的红外光谱图对比，其具体波数对比值见表 5.3。表 5.3 中序号 1 的强宽吸收峰是由杉木粉中羟基的 O—H 伸缩振动和壳聚糖中羟基 O—H、氨基 N—H 伸缩振动引起的，同时也可能伴随着一部分样品内部的残余水分；较强的序号 2 吸收峰是由—CH_3 或—CH_2 中的 C—H 的伸缩振动引起的；序号为 3、4 的吸收峰是由双键的伸缩振动吸收（包括 C═C、C═O 等）以及酮类物质的 C═O 振动所致，这说明木粉中含有带该类化学键的复杂物质，也是木材内含物的复杂化学组分之一；序号 5 的吸收峰和壳聚糖分子链上的 NH 面内弯曲振动相对应；序号 6 的吸收峰是由杉木粉中木质素上的取代苯类 C═C 骨架振动所引起的；序号 7、8、9、10、11 所对应的是木粉和壳聚糖分子链上甲基的 C—H、羟基 O—H 的面内弯曲振动、C—O—C 伸缩振动、C—H 面外弯曲振动及—NH_2 面外摇摆振动。总之，通过对壳聚糖和杉木粉的红外光谱分析再次证实了两者的化学成分和结构相似程度极高，相比人工合成的界面改性剂来说，天然壳聚糖和天然木粉的结合，即“动物纤维”和“植物纤维”的良好结合，在改善界面相容性能的同时更加有利于增进木塑复合材料的环境友好性能。

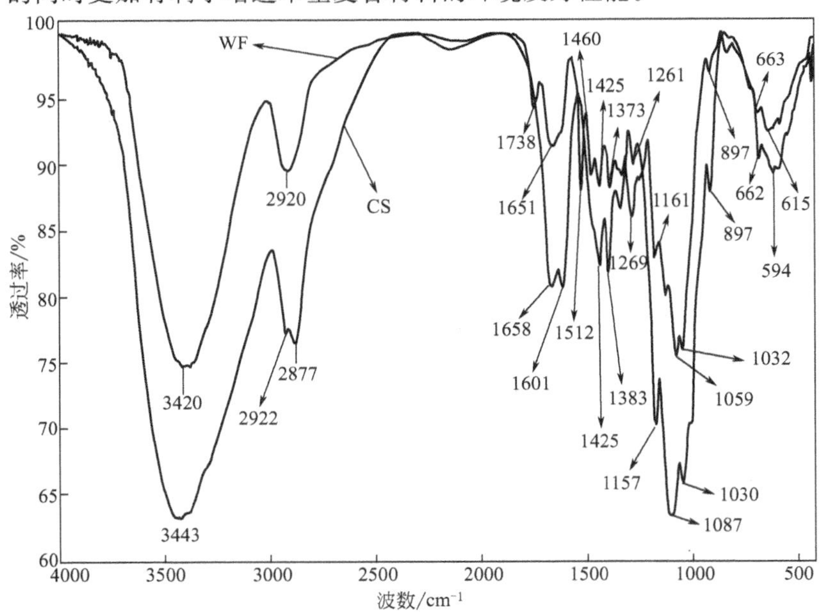

图 5.3 杉木粉和壳聚糖的红外光谱图对比

表 5.3 杉木粉和壳聚糖的红外谱图解析

峰号	谱峰的归属	杉木粉波数/cm^{-1}	壳聚糖波数/cm^{-1}
1	O—H 伸缩振动、N—H 伸缩振动(反称、对称)	3420	3443
2	甲基、亚甲基的 C—H 伸缩振动	2920	2922,2877
3	酮类或木聚糖乙酰基 $CH_3C=O$ 的 C=O 吸收	1738	—
4	双键的伸缩振动吸收,包括 C=C、C=O 等	1651	—
5	NH 面内弯曲振动	—	1658,1601
6	取代苯类 C=C 骨架振动	1512,1460	—
7	甲基的 C—H 的弯曲振动	1425,1373	1425,1383
8	O—H 面内弯曲振动	1269	1261
9	C—O—C 伸缩振动	1161,1059,1032	1157,1087,1030
10	C—H 面外弯曲振动	897	897
11	O—H、C—H 面外弯曲振动、—NH_2 面外摇摆振动	663,615	662,594

(2) 不同组别壳聚糖/杉木粉/PVC 复合材料的 FTIR 分析

图 5.4 是不同含量壳聚糖改性的杉木粉/PVC 复合材料红外光谱全范围图，图中有三个关键的谱带与复合材料的界面结合特性密切相关，这三个关键谱带的波数范围是：600～700cm^{-1}、1601～1604cm^{-1} 和 3416～3442cm^{-1}，它们三者分别对应 C—Cl 伸缩振动，NH 弯曲振动和 OH、

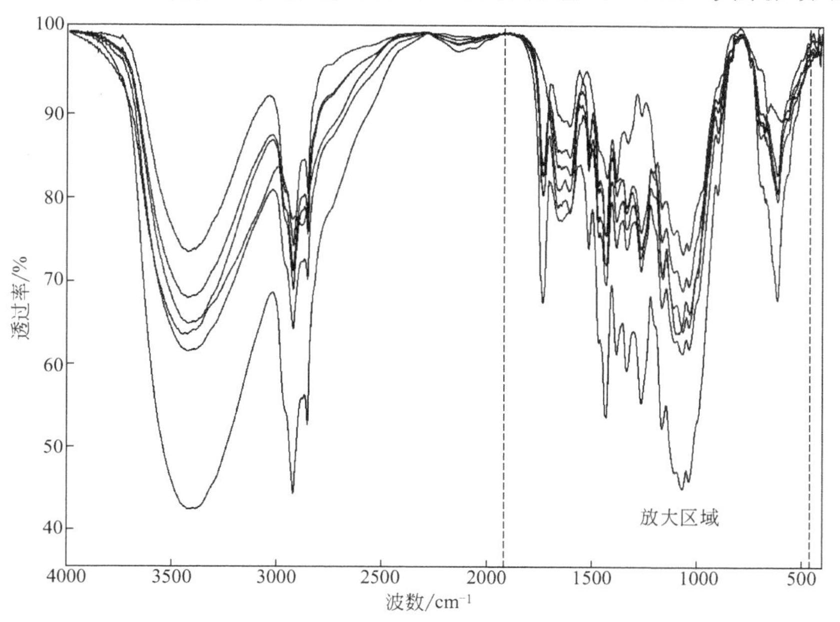

图 5.4 不同含量的壳聚糖/杉木粉/PVC 复合材料红外光谱全范围图

NH 的伸缩振动。表 5.4 中也详细列出三个关键谱带的变化情况，其中 693.95cm^{-1} 的波数是 PVC 分子链上，C—Cl 键自由旋转至“*I*”构型和“TGTG”构象时振动产生的；673cm^{-1} 和 613cm^{-1} 两个波数所对应的是 C—Cl 键自由旋转至“S”构型、“TTGG”构象和“S”构型、“TT”短构象时的振动。

表 5.4 不同组别的壳聚糖/杉木粉/PVC 复合材料中的 C—Cl、NH 和 OH 三个关键振动谱带的变化情况

组别	C—Cl 波数 /cm^{-1}	C—Cl 透过率 /%	OH 和 NH 波数 /cm^{-1}	OH 和 NH 透过率 /%
纯 CS	—	—	3442.35,1603.96	63.25,80.75
WF/PVC	693.95,613.94	79.53,67.57	3419.40， —	73.30， —
WF/PVC/CS-10	673.90,613.82	86.99,79.57	3417.34,1601.83	67.75,88.54
WF/PVC/CS-20	673.42,613.25	88.11,80.59	3417.32,1601.71	64.60,84.79
WF/PVC/CS-30	672.59,612.76	90.14,82.75	3416.71,1600.89	61.25,82.70
WF/PVC/CS-40	672.94,613.44	88.12,80.88	3417.17,1601.57	41.92,78.14
WF/PVC/CS-a	674.87,613.96	83.46,73.87	3423.88,1601.85	72.34,85.72
WF/PVC/CS-b	673.39,613.75	85.47,76.55	3417.45,1601.48	68.19,85.48
WF/PVC/CS-c	672.51,613.69	87.83,80.04	3417.18,1601.27	66.31,85.11
WF/PVC/CS-d	671.18,612.05	90.64,85.07	3417.17,1601.14	64.67,84.19

结合所放大的关键谱带范围图 5.5 和表 5.4 中 C—Cl、NH 和 OH 三个关键振动谱带的变化情况的具体数据可知，当在复合材料体系中加入壳聚糖改性剂时，波数 693.95cm^{-1} 所对应的振动带明显移动至更低的波数值，然而其透过率相应增加；673cm^{-1} 振动带的波数值随着壳聚糖添加量从 0 份增加至 30 份，波数从 673.90cm^{-1} 降低至 672.59cm^{-1}，添加量超过 30 份时，波数值又略微回升至 672.94cm^{-1}，波数值相对应的透过率则先从 86.99%增加至 90.14%，然后又减少至 88.12%；613cm^{-1} 振动带的变化规律相似，其波数值从先前的 613.94cm^{-1} 首先降低至最低值 612.76cm^{-1}，然后又升高至 613.44cm^{-1}，同时，波数值相对应的透过率也从 67.57%先升高至 82.75%，后降低至 80.88%。对于 C—Cl 键振动所对应的波数范围来说，波数越低，透过率越高，则说明 C—Cl 键自身的键结合力越弱，这也就意味着 C 原子和 Cl 原子各自和周围的其他原子间有更强的吸引力和键结合能力，则复合材料的界面结合能力也就越强。除此之外，从图和表中也能发现，羟基和氨基的透过率随着壳聚糖添加量的增加而降低，这是因为所添加的壳聚糖量越多，壳聚糖自身带来的 NH 和 OH

也增加，但是 NH 和 OH 的相对含量差异变小，而其对应的波数值则与上述分析类似，呈现先降低至最小波数，然后升高的趋势。对于 OH、NH 的伸缩振动带来说，最小的波数值（$3416.71cm^{-1}$ 和 $1600.89cm^{-1}$）所对应的组别 WF/PVC/CS-30 也表明，当壳聚糖添加量为 30 份时，OH、NH 和周围其他原子间的键结合能力最大。另一方面，从 Lewis 酸碱角度分析，PVC 大分子链由于在加工过程中脱出小分子氯化氢，呈弱酸性，而木粉纤维表面也呈弱酸性，这不利于两者界面结合，而带有天然氨基基团的壳聚糖的加入能有效改善并增强 PVC 与木粉之间的界面结合。

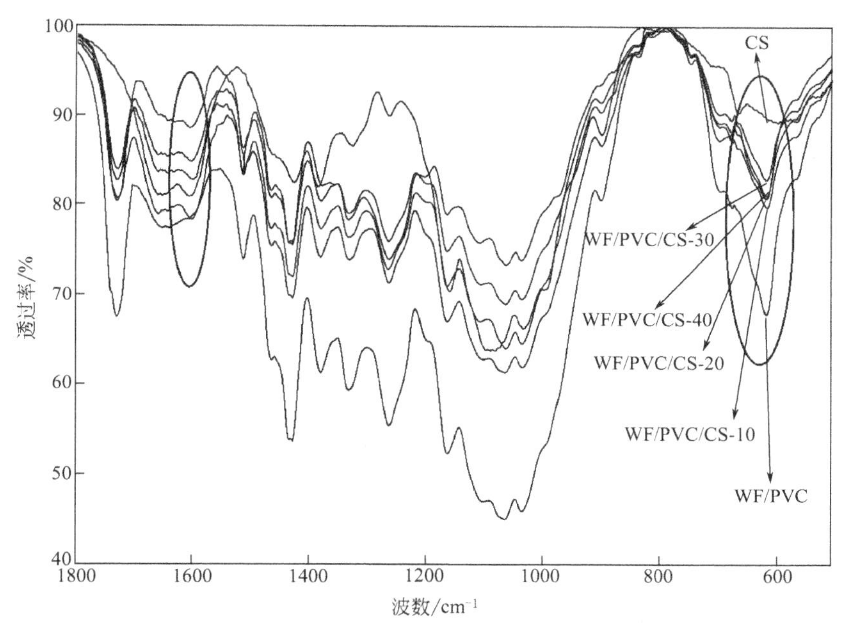

图 5.5　不同含量的壳聚糖/杉木粉/PVC 复合材料红外光谱关键波数放大图

与上述分析相类似，从图 5.6、图 5.7 和表 5.4 也能得知，壳聚糖/杉木粉/PVC 复合材料的界面结合性能受壳聚糖颗粒尺寸变化的影响也较大，在同样的 25 份的壳聚糖添加水平下，C—Cl 伸缩振动，NH 弯曲振动和 OH、NH 的伸缩振动的波数范围均随着壳聚糖目数从 100～140 目增加至大于 260 目而朝着波数更低值移动。这也意味着更高的目数（更小的颗粒尺寸）对提升复合材料的界面结合性能有积极作用。此外，从表中也发现，氨基和羟基的透过率随目数的增大而减小，原因可被解释为，随着壳聚糖目数的增加，相对更多的壳聚糖细小颗粒在同样的透射范围内出现。

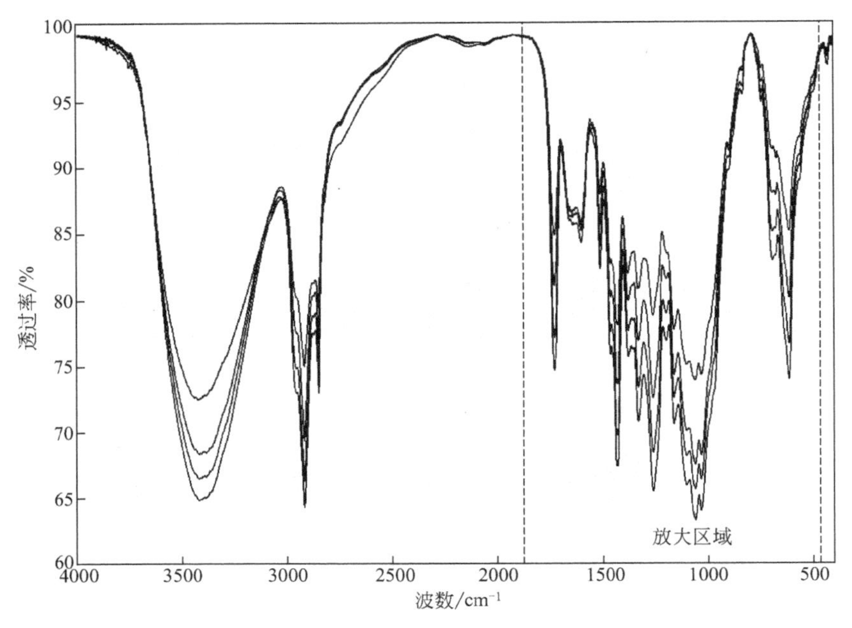

图 5.6 不同目数的壳聚糖/杉木粉/PVC 复合材料红外光谱全范围图

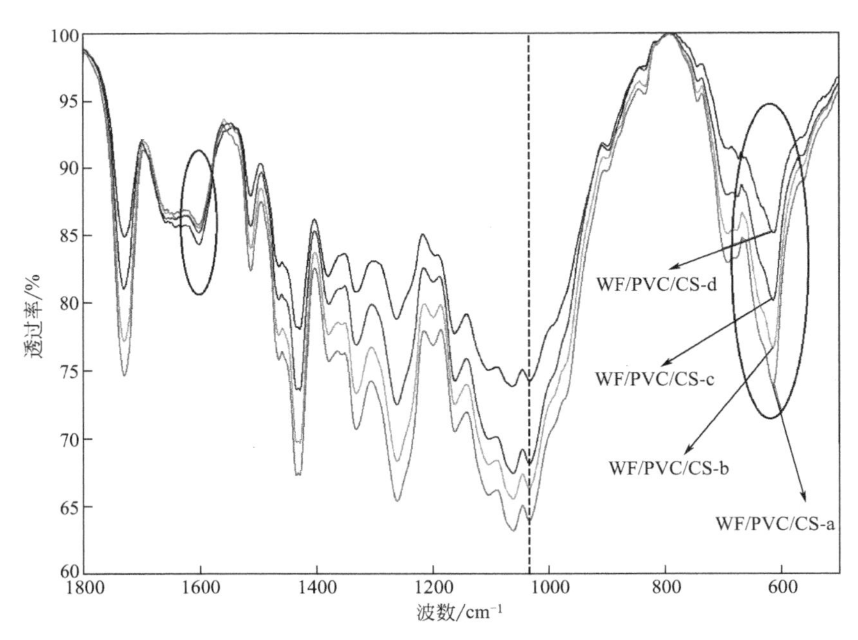

图 5.7 不同目数的壳聚糖/杉木粉/PVC 复合材料红外光谱关键波数放大图

5.4 界面结合性变化的微观形貌

图 5.8 是不同壳聚糖添加量和 5 份硅烷偶联剂添加量下复合材料的断面形貌图。

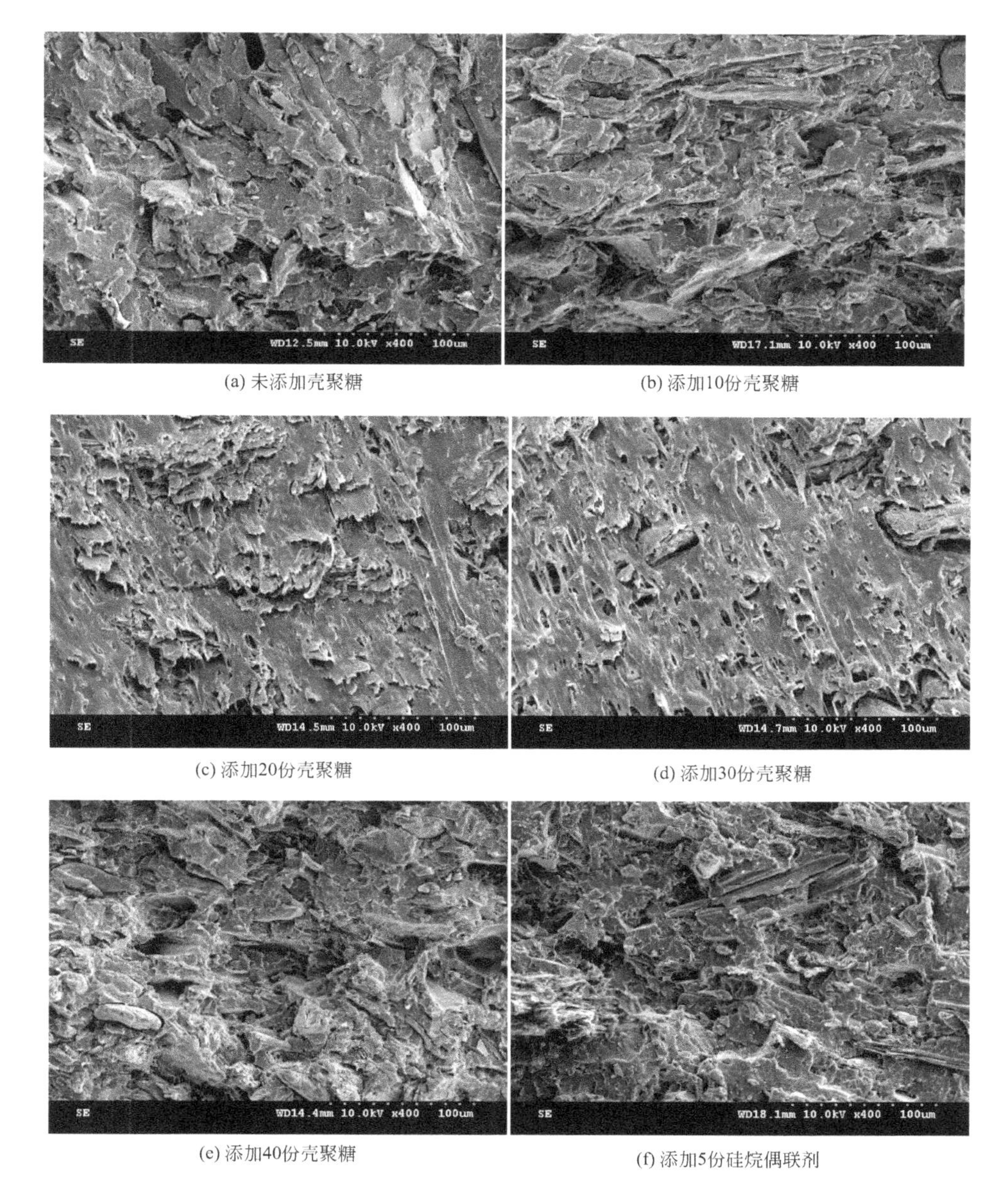

(a) 未添加壳聚糖　(b) 添加10份壳聚糖

(c) 添加20份壳聚糖　(d) 添加30份壳聚糖

(e) 添加40份壳聚糖　(f) 添加5份硅烷偶联剂

图 5.8　不同壳聚糖、硅烷偶联剂添加量下复合材料的断面形貌图

由图 5.8（a）可见，在未添加壳聚糖的情况下，复合材料的断裂表面存在较多且相对较大的孔洞，这些孔洞是由于样品在液氮冷却后淬断时杉木粉脱离 PVC 树脂。这说明由于木粉与 PVC 表面极性的差异及两者的相容性较差，界面结合力较差，出现较为明显的界面相分离结构。当壳聚糖加入复合体系后，先前的空隙和相分离情况得到一定程度的改善，断裂表面的孔洞大小和相分离程度均有所减小［见图 5.8（b）］。如图 5.8（c）所示，随着复合材料中的壳聚糖添加量进一步增加到 20 份，断裂表面的空隙及相分离情况也进一步得到改善，同时出现明显的连续相结构。而当添加量增加到 30 份时，断裂表面的空隙和相分离情况几乎完全消失，并呈现与 20 份添加量一样较佳的连续相结构［见图 5.8（d）］，说明此时壳聚糖、杉木粉和 PVC 树脂基体之间的相容性达到了最理想的状态，界面结合能力最强。这与上述的分析完全一致。

然而，结合图 5.8（e）观察可知，当添加量继续增加至 40 份时，复合材料的断裂表面连续相结构消失，伴随着相分离情况的再次出现。这可能是由于过量壳聚糖和木粉之间发生了结团或絮集。

另外，从图 5.8（f）也可以发现，与添加了 5 份硅烷偶联剂的复合材料样品断面形貌相比，硅烷偶联剂的添加在一定程度上虽然也改善了复合材料的界面相容性和结合性能，但却未能实现界面相连续的结构，这说明合适添加量的天然壳聚糖的偶联和改性效果优于传统的带氨基基团的硅烷偶联剂。

从图 5.9 不同颗粒尺寸的壳聚糖复合材料力学性能扫描电镜图中也能观察到，在同样的壳聚糖添加水平下（25 份），复合材料断裂表面的形貌也随着壳聚糖的颗粒大小的变化而变化。由图 5.9（a）（b）可见，在颗粒大小为 100～140 目和 140～180 目的尺寸范围内，断面呈现出凹凸不平并伴随着一定数量的孔洞。然而，随着目数范围进一步增加至 180～220 目和大于 260 目（颗粒尺寸的减小）［见图 5.9（c）（d）］，复合材料断面的情况产生显著变化，其孔洞消失且界面呈现由分离相过渡至连续相的相对平整的形貌，上述现象的产生主要归因于小颗粒尺寸对应相对更大的比表面积和表面粗糙度。这导致壳聚糖对木粉和基体的咬合作用力和缠绕能力提升，从物理机械啮合原理角度提高两相的界面结合力。

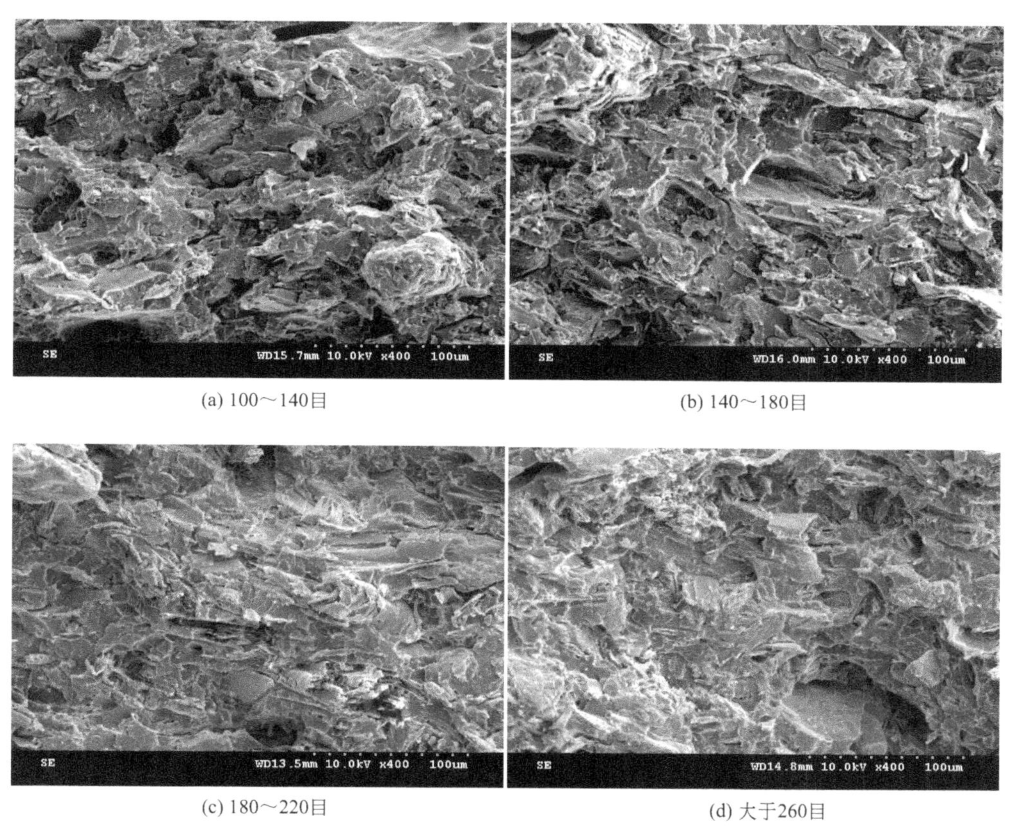

(a) 100～140目　(b) 140～180目

(c) 180～220目　(d) 大于260目

图 5.9　不同颗粒尺寸的壳聚糖复合材料的断面形貌图

5.5 界面结合性变化的动态黏弹特性

PVC 树脂像许多高聚物一样是典型的黏弹性体，它既具有弹性体的某些性质，又具有黏性体的某些性质。在一定的温度条件和交变应力的作用下，其形变将落后于外力某一相位而呈现周期性变化，外力所提供的一切能量，一部分随试样的形变周期性被储存，而另一部分则在形变过程中以热的形式被消耗，其对温度和频率有明显的依赖性。测试的模式包括许多，如双悬臂梁式、压缩式、拉伸式、剪切式及三点弯曲模式等，介于木塑复合材料刚性相对其他高分子材料（如橡胶、塑料薄膜等）较大，也考虑到材料的实际用途中常常面对的力学情况，选择三点弯曲模式深入分析壳聚糖/杉木粉/PVC 复合材料在适应范围之下的动态黏弹性参数的变化情况（包括储能模量 E'、耗损系数 $\tan\delta=E''/E'$），从另外一个角度较好地揭示复合材料界面结合情况。

图 5.10 是不同添加量下壳聚糖、硅烷偶联剂对复合材料储能模量和耗损因子的影响，整体来看，复合材料的储能模量（E'）随温度的升高呈阶梯形下降，属非晶态高聚物动态力学温度谱。储能模量是材料吸收能量的能力，一般与材料的分子运动能力相关，反映的是材料的刚性。如图 5.10 所示，在 30℃时，所有添加了壳聚糖的复合材料样品 WF/PVC/CS 的储能模量（E'）均高于未添加壳聚糖的复合材料样品的值（3858MPa），并且随着壳聚糖加入量从 10 份分别增加至 20 份、30 份和 40 份，相对应的复合材料样品的储能模量从 3910MPa 分别提高至 4341MPa、5026MPa 和 4463MPa，这些变化可以表明由于壳聚糖的纤维自身也具备良好的力学性能，同时在前述的相关分析中也证明其对界面结合的增强作用，故其加入也能较好地提升复合材料体系的刚性。这样，当材料承受负载时，在 PVC 与木粉、壳聚糖的界面上，纤维可以转移大部分应力；添加 30 份壳聚糖时对复合材料刚性的改善效果最好。从图中也能清晰看出，添加 5 份硅烷偶联剂比 30 份壳聚糖对复合体系刚性的改善作用略胜一筹，储能模量高 262MPa。随着测试温度从 30℃逐渐升高到 90℃，复合材料的储能模量逐渐降低，在 75℃附近下降速度最快，说明此时复合材料正由高弹态开始逐渐过渡至橡胶态，这也与接下来利用 DSC 分析玻璃化转变温度（T_g）的规律一致。

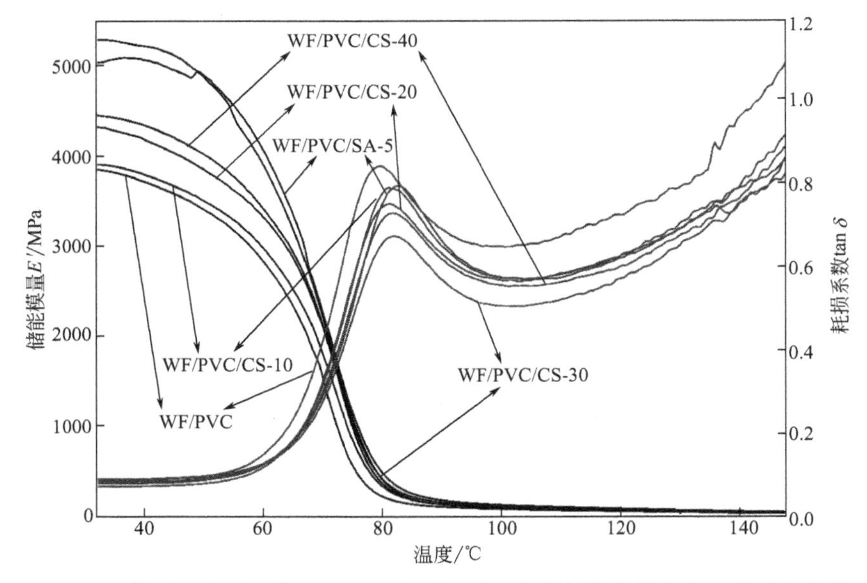

图 5.10　不同添加量下壳聚糖、硅烷偶联剂对复合材料储能模量和耗损因子的影响

耗损系数（$\tan\delta$）为损耗模量与储能模量的比，主要反映了材料的阻尼特性和柔性。复合材料的耗损系数变化，对应着复合材料中各分子链段与分子间链段间相互摩擦、缠绕的作用力及在外力作用之下分散应力能的变化，也能够表明杉木粉、壳聚糖和 PVC 树脂基体之间界面结合的紧密程度。从图 5.10 中耗损系数的变化情况来看，随着壳聚糖的加入，复合材料的耗损系数的峰值从未添加壳聚糖的 0.851 减小至添加 30 份壳聚糖的 0.681，产生该变化的原因是杉木粉、壳聚糖和 PVC 树脂基体之间界面结合性能的提升驱使外部作用在材料上的应力在整个基体中较好地分散开来，而超过 30 份时，耗损系数又稍微回升至 0.737。硅烷偶联剂的添加对于复合材料耗损系数 $\tan\delta$ 的影响较天然壳聚糖小。

图 5.11 是不同颗粒尺寸的壳聚糖复合材料的 DMA 曲线。从图中可以发现，选择最佳的颗粒尺寸范围也能最大限度地提升壳聚糖/杉木粉/PVC 复合材料的界面结合性能，复合材料中所添加的壳聚糖目数相对较低（100～140 目）和较高时（大于 260 目），储能模量值（E'）均较大，分别可达 5293MPa 和 5223MPa。导致这种结果的原因是，在目数相对较低，即颗粒尺寸较大时，壳聚糖纤维被破坏的程度相对较低，许多都保留着原始的细长形貌，这样的壳聚糖颗粒在复合体系受到外力作用时，能产生较好的抵抗作用，刚性较强，而在目数相对较高，即颗粒尺寸较小时，壳聚

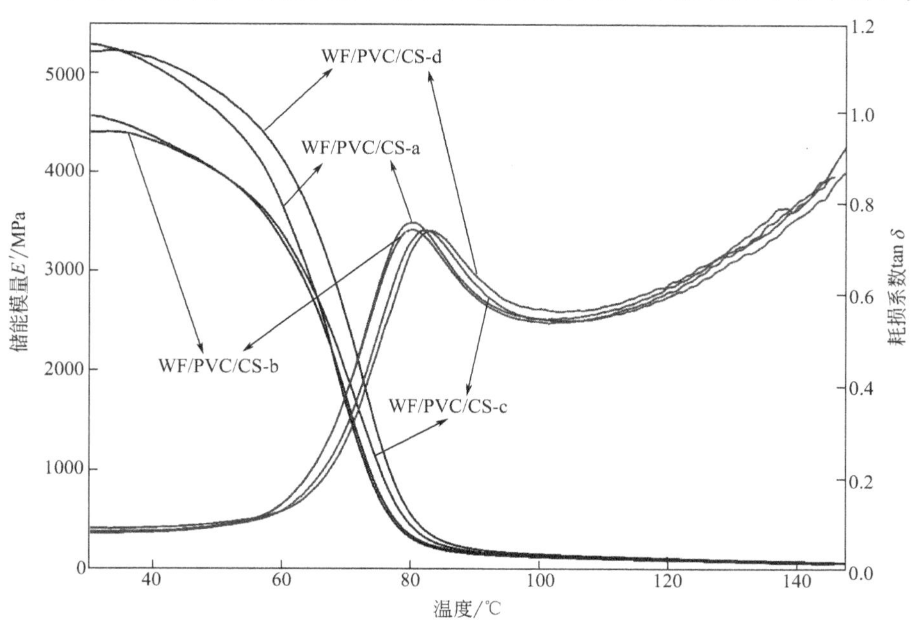

图 5.11　不同颗粒尺寸的壳聚糖对复合材料的储能模量和耗损因子的影响

糖纤维已经有许多被破坏，短小形态居多，但由于其比表面积也相应地增加，在PVC基体中的结合表面积增大，故界面结合也得以增强。对于耗损系数（tanδ）来说，壳聚糖目数越高，相应的耗损系数值越低，说明壳聚糖颗粒尺寸越小，界面改善效果越好，且作用在界面上的外力能够被很好地分散开。

5.6 界面结合性变化对维卡软化点的影响

对于复合材料来说，维卡软化点能间接地反映材料的界面结合情况。

纯PVC、添加不同含量及颗粒尺寸壳聚糖的复合材料和添加硅烷偶联剂的复合材料的维卡软化点对比情况如图5.12所示。从图5.12中可见，纯PVC树脂的维卡软化点为82.3℃，当一定量的杉木粉加入复合材料中时，复合材料整体的维卡软化点有一个大幅度的提升，达到97.7℃。其原因是木粉中的木质纤维和木质素大分子具有较好的刚性，使得复合材料硬度变大，抵抗形变的能力提高，进而提升了复合材料的耐热性能；而随着不同含量、颗粒尺寸的壳聚糖和硅烷偶联剂的加入，不同组别的复合材料的维卡软化点有不同程度的波动，当添加10份壳聚糖进入WF/PVC复合

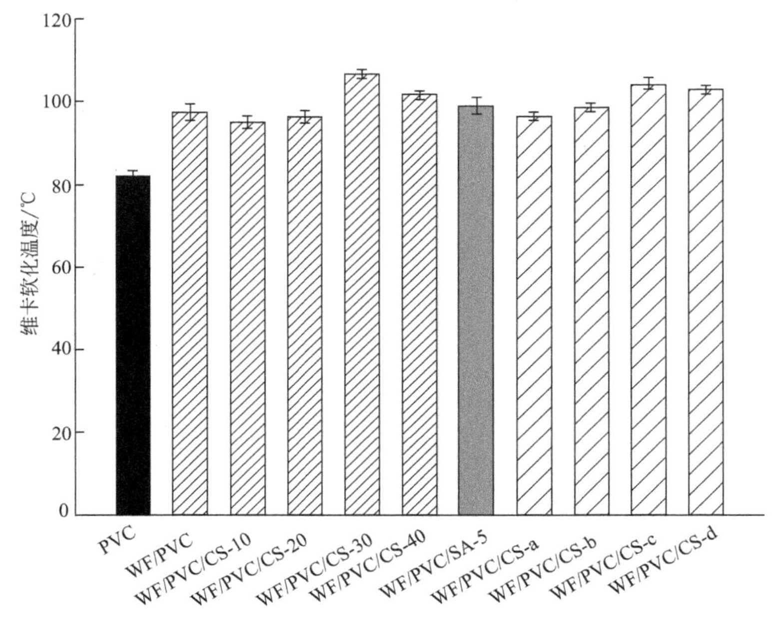

图5.12 纯PVC和不同组别复合材料的维卡软化点

体系后，复合材料的维卡软化点稍有下降，从 97.7℃降至 95.3℃；而随着壳聚糖含量的进一步升高（从 10 份升至 40 份），维卡软化点先升高后降低，在壳聚糖添加量达到 30 份时到达峰值 107.1℃；当添加量进一步升高至 40 份时，复合材料样品的维卡软化点又略有降低。此外，硅烷偶联剂和壳聚糖不同颗粒尺寸对复合材料维卡软化点造成影响的原因与前述力学性能、红外光谱和 DMA 的分析基本一致，此处不再赘述。

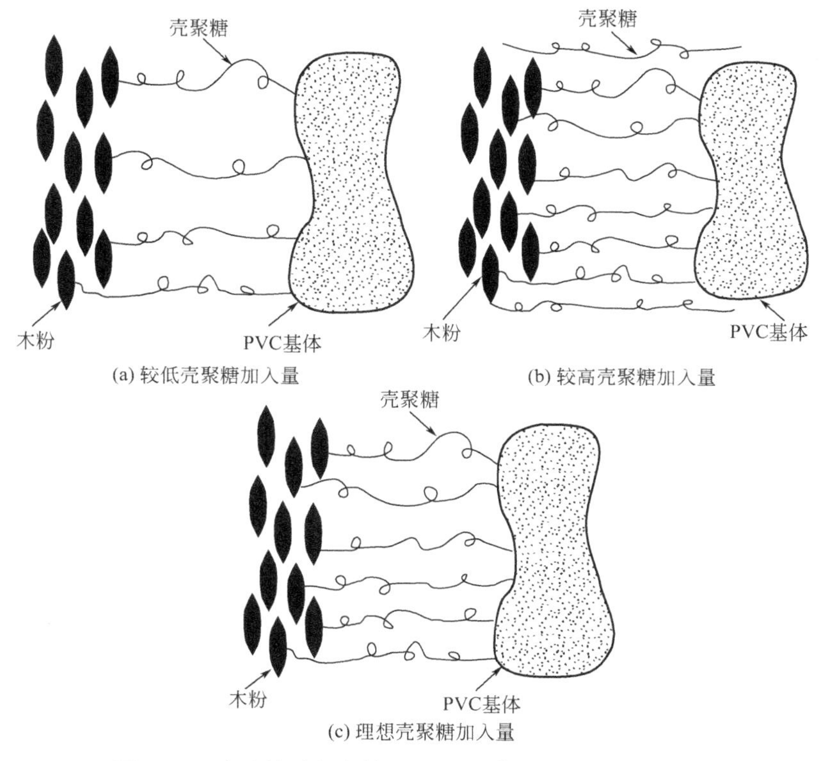

图 5.13　壳聚糖对杉木粉和 PVC 基体间的“桥”连作用

从图 5.13 的数据分析中我们也能推断，壳聚糖对杉木粉/PVC 的界面增强作用可看为类似“铁索桥”连的原理。即将杉木粉和 PVC 树脂各自看作“铁索桥”的两岸，而壳聚糖起到锁链的作用，将二者连接起来。为了保证连接的强度和高效性，需要配置较为合理的锁链数目，过多或过少的锁链数目均不能保证连接的最高效性，过少的锁链导致连接点不足，而过多的锁链则造成多余的浪费，只有在最为适当的连接点条件下，锁链才能发挥连接的最大功效。在本研究中，30 份的壳聚糖添加量即为杉木粉、壳聚糖和 PVC 间“桥”连接的最佳比例，这与前人研究的化学合成偶联剂产生“桥”连的作用相类似，故壳聚糖也可以看为一种天然的偶联剂。

5.7 界面结合性变化对玻璃化转变温度的影响

通过差示扫描量热仪测定高分子共混物的玻璃化转变温度（T_g）能够判定共混物的相容性。如果共混物形成均相体系，则只显示出一个 T_g，而不能完全相容的共混物则形成分离相体系，造成测试结果产生两个不同的 T_g，这种特性可被用来测定共混高聚物的相分离情况和了解不同组分之间的相容性。在木塑复合材料的研究中，木粉和热塑性树脂不可能完全相容形成一体，但复合体系中木粉和树脂的界面结合力的大小能对树脂基体起到一定的链段禁锢作用，导致整个复合材料 T_g 的变化。

图 5.14 是纯 PVC 和不同壳聚糖、硅烷偶联剂添加量下复合材料的 DSC 曲线。如图 5.14 所示，对纯 PVC 树脂来说，添加了木粉、壳聚糖和硅烷偶联剂的复合材料的玻璃化转变平台均有所滞后，具体的数据见表 5.5 上半部分。从图 5.14 和表 5.5 可知，纯 PVC 树脂的玻璃化转变温度（T_g）为 85.3℃，当制备成 WF/PVC 复合材料时则 T_g 有所下降。这是由于在制备复合材料时添加了塑化剂和一些加工助剂。在此基础上，添加不同含量的壳聚糖后发现，当壳聚糖的添加量从 0 份不断增加至 40 份时，复合材料的 T_g 与前述的其他分析相似，呈现出先升高后降低的趋势，在 30 份时达到最大值 79.6℃，然而，5 份硅烷偶联剂的添加对复合材料 T_g 的

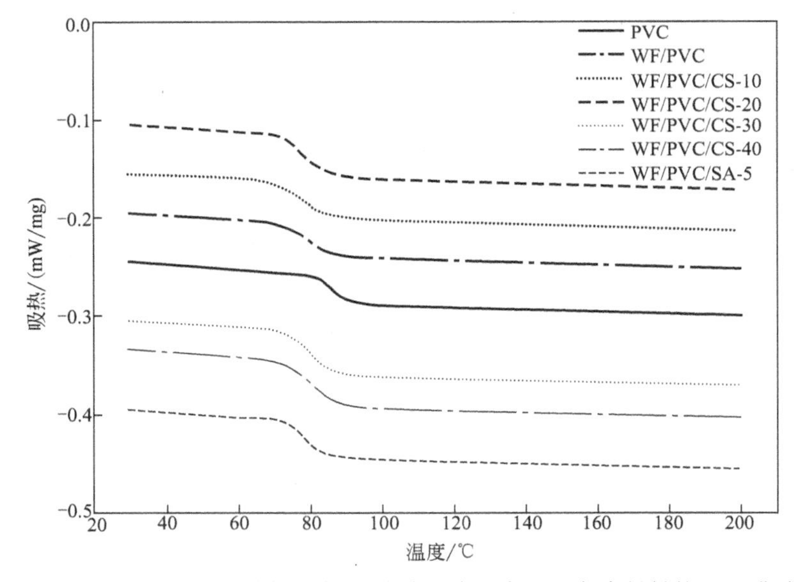

图 5.14　纯 PVC 和不同壳聚糖、硅烷偶联剂添加量下复合材料的 DSC 曲线

结果影响不明显。这些试验结果表明，壳聚糖的加入能对PVC大分子链像“锚”一般起到有效禁锢作用，使PVC分子链段在玻璃态“冷冻”情况下经加热后逐渐解冻并开始运动的时间变慢。这说明木粉、壳聚糖和PVC间的界面相容性较理想。另一方面，如图5.15和表5.5下半部分可知，针对不同颗粒尺寸大小的壳聚糖而言，目数越大，即颗粒尺寸越小所对应的玻璃化转变温度（T_g）越高，从起初的100～140目所对应的78.3℃升高至大于260目的80.1℃，这个现象的解释也与先前扫描电镜中的一致。

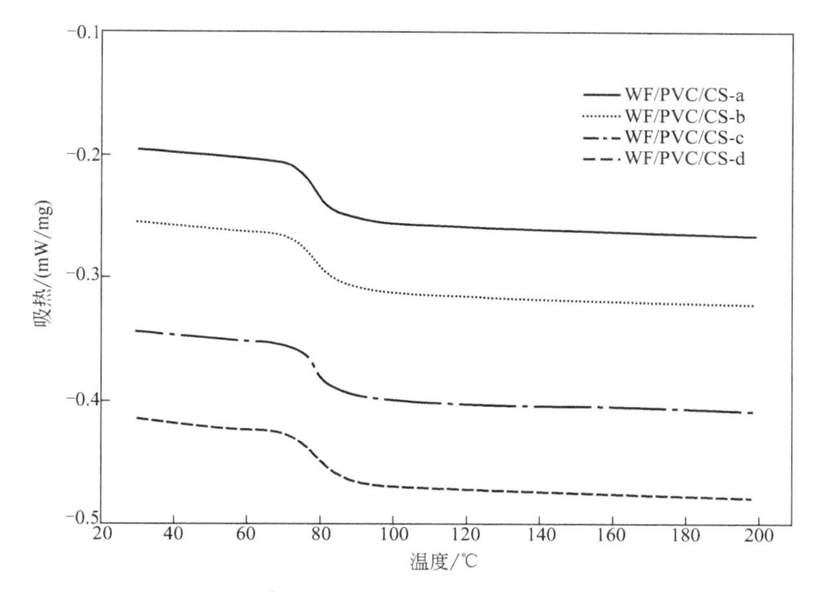

图5.15 不同颗粒尺寸壳聚糖的复合材料的DSC曲线

表5.5 不同组别复合材料的玻璃化转变温度

组别	玻璃化转变温度 T_g/℃
纯PVC	85.3
WF/PVC	77.9
WF/PVC/CS-10	77.5
WF/PVC/CS-20	78.6
WF/PVC/CS-30	79.6
WF/PVC/CS-40	78.3
WF/PVC/SA-5	77.4
WF/PVC/CS-a	78.3
WF/PVC/CS-b	78.6
WF/PVC/CS-c	79.5
WF/PVC/CS-d	80.1

此外，该结果也给出一个重要建议，即在添加了天然壳聚糖作为改性剂的 WF/PVC/CS 复合材料的加工过程中，适当地提升加工温度，对复合材料界面的相容性和结合能力有一定的帮助。

5.8 界面结合性变化对密度的影响

虽然密度只是材料的一个最基本的指标，但对于木塑复合材料而言，密度也是一个不可忽视的指标，因为随着密度的变化，复合材料自身的质量会受到显著的影响，也意味着复合材料的空洞及孔隙率会发生变化，这些变化将影响到复合材料的许多特性。

表 5.6 和表 5.7 分别为不同壳聚糖、硅烷偶联剂添加量及不同壳聚糖颗粒尺寸下的复合材料的密度变化。从表 5.6 中可见，随着壳聚糖和硅烷偶联剂的加入，复合材料的密度均有所下降。这是由于 PVC 的密度大于壳聚糖的密度，当壳聚糖加入后，根据加权平均的思想，复合材料整体的密度下降。但由上述分析可知，30 份壳聚糖的添加量能较好地增强复合材料的界面结合能力，从而有效地降低两相间结合的疏松状态，故此时复合材料的密度（1.361g/cm^3）也接近未添加壳聚糖的复合材料。

表 5.6　不同壳聚糖、硅烷偶联剂添加量下复合材料的密度

CS 添加量/份	0	10	20	30	40	5 份硅烷偶联剂
密度/(g/cm^3)	1.365	1.321	1.332	1.361	1.314	1.344

表 5.7　不同壳聚糖颗粒尺寸大小的复合材料的密度

CS 颗粒尺寸/目	100～140	140～180	180～220	>260
密度/(g/cm^3)	1.325	1.356	1.375	1.367

从表 5.7 中也发现，在同样的壳聚糖添加量的情况下，复合材料的密度最大值 1.375g/cm^3 对应的壳聚糖颗粒尺寸是 180～220 目，这与先前拉伸强度分析一致，说明在壳聚糖颗粒尺寸方面，在 180～220 目和大于 260 目时其对界面增强度方面功效差异不太明显。

5.9 界面结合性变化对吸水稳定性的影响

不同壳聚糖、硅烷偶联剂添加量下复合材料的水分吸附行为曲线如图5.16所示。从图5.16中可以看出复合材料的水分吸附呈现出典型的Fickian（菲克）吸附行为，随着浸泡时间的增加，水分吸附率起初呈现快速的线性增加趋势，随着时间的进一步推移，水分吸附率逐渐减小，最后趋于准平衡状态。

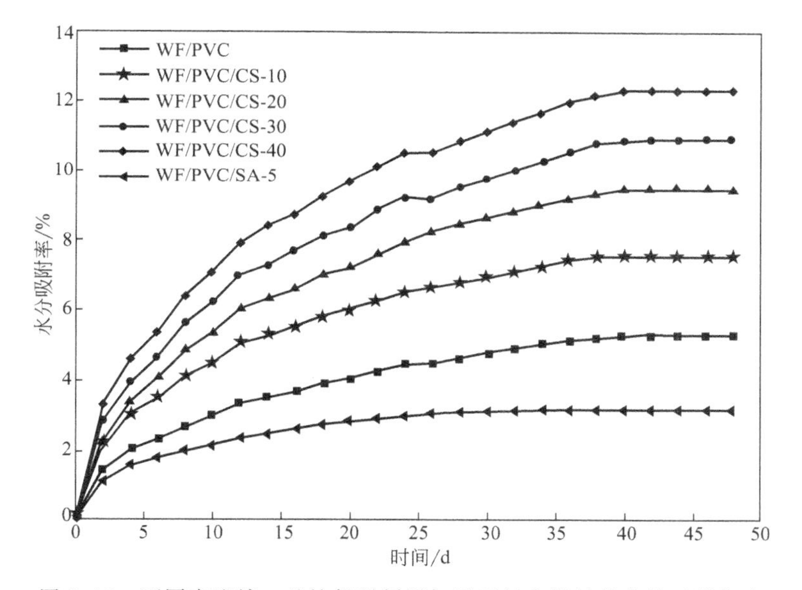

图5.16 不同壳聚糖、硅烷偶联剂添加量下复合材料的水分吸附行为

结合表5.8计算出的最大水分吸附率（M_∞）和渗透系数（D）值可知，当复合体系中的壳聚糖添加量从0份增加至40份时，材料的最大水分吸附率随之升高，从5.26%升高至12.33%，增加率为134.41%，这是由于壳聚糖分子链上的许多羟基和氨基均为亲水性基团，极易通过界面结合吸附水分子形成氢键。

表5.8 最大水分吸附率和渗透系数值

组别	M_∞/%	D/(mm^2/d)
WF/PVC	5.26	0.689
WF/PVC/CS-10	7.55	0.803
WF/PVC/CS-20	9.47	0.704

续表

组别	$M_{\infty}/\%$	$D/(mm^2/d)$
WF/PVC/CS-30	10.92	0.762
WF/PVC/CS-40	12.33	0.819
WF/PVC/SA-5	4.17	0.552
WF/PVC/CS-a	10.72	0.787
WF/PVC/CS-b	9.49	0.777
WF/PVC/CS-c	9.25	0.772
WF/PVC/CS-d	8.88	0.749

另一方面，对于渗透系数而言，除 WF/PVC/CS-10 复合材料之外，其余各组的变化规律也和先前分析相类似，渗透系数值出现先减小至最小值后略微升高的现象。这是由于相对低含量的壳聚糖（如 10 份）对界面增强效果不明显，相反，其分子链上亲水性基团的加入导致更高的水分吸附发生。而从图 5.16 中也发现添加硅烷偶联剂的组别的复合材料最大水分吸附率和渗透系数均表现出最低值，分别仅为 4.17%和 $0.552mm^2/d$，这说明硅烷偶联剂对于材料吸水稳定性的提升效果优于壳聚糖。

对于同一添加量但不同颗粒尺寸的壳聚糖，图 5.17 显示出 WF/PVC/CS-a 组复合材料（对应 100～140 目的壳聚糖）的水分吸附行为曲线与其余三组差异较大，添加的壳聚糖目数越大（颗粒尺寸越小），复合材料的

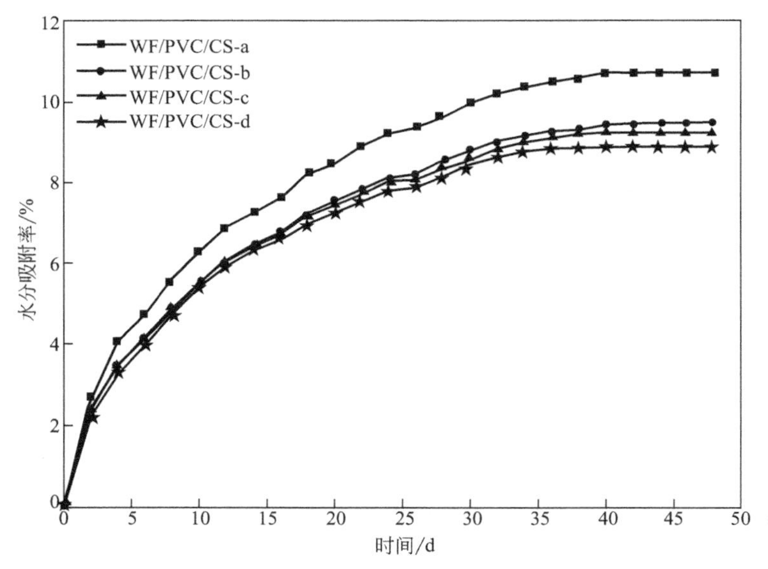

图 5.17 不同颗粒尺寸壳聚糖的复合材料的水分吸附行为

最大水分吸附率和渗透系数值越低，分别从 10.72%和 0.787mm^2/d 降低至 8.88%和 0.749mm^2/d，这说明复合材料的水分抵抗能力不断增强，但当目数超过 180 目时，复合材料的水分抵抗能力增加逐渐趋于缓慢，从上述分析也能得出结论，最佳的颗粒尺寸范围（大于 260 目）能最有效地改善复合材料的界面结合和水分抵抗能力。

参考文献

[1] Jiang H H，Kamdem D P. Characterization of the surface and the interphase of PVC copper amine treated wood composites [J]. Applied Surface Science，2010，256（14）：4559-4563.

[2] Matuana L M，Balatinecz J J，Park C B. Cell morphology and property relationships of microcellular foamed PVC/wood-fiber composites [J]. Polymer Engineering and Science，1998b，38（11）：1862-1872.

[3] Matuana L M，Woodhams R T，Balatinecz J J，et al. Influence of interfacial interactions on the properties of PVC cellulosic fiber composites [J]. Polymer Composites，1998a，19（4）：446-455.

[4] Muller M，Gruneberg T，Militz H，et al. Amine treatment of polyvinyl chloride/wood flour composites [J]. Journal of Applied Polymer Science，2012，124（6）：4542-4546.

[5] Yue X P，Chen F G，Zhou X S. Improved interfacial bonding of PVC/wood-flour composites by lignin amine modification [J]. Bioresources，2011，6（2）：2022-2034.

[6] Shah B L，Matuana L M. Novel coupling agents for PVC/wood-flour composites [J]. Journal of Vinyl and Additive Technology，2005，11（4）：160-165.

[7] Tabb D L，Koenig J L. Fourier-transform infrared study of plasticized and unplasticized poly（vinyl chloride）[J]. Macromolecules，1975（8）：929-934.

[8] Theodorou M，Jasse B. Fourier-transform infrared study of conformational changes in plasticized poly（vinyl chloride）[J]. Journal of Polymer Science：Polymer Physics Edition，1983，21：2263-2274.

[9] 李凯夫，戴东花，谢雪甜，等. 偶联剂对木塑复合材料界面相容性的影响 [J]. 林产工业，2005，32（3）：24-26.

[10] Dash B N，Rana A K，Mishra H K，et al. Novel，low-cost jute-polyester composites. Part 1：Processing，mechanical properties，and SEM analysis [J]. Polymer Composites，1999，20（1）：62-71.

[11] Dhakal H N，Zhang Z Y，Richardson M O W. Effect of water absorption on the mechanical properties of hemp fibre reinforced unsaturated polyester composites [J]. Composites Science and Technology，2007，67（7-8）：1674-1683.

[12] Felix J M，Gatenholm P. The nature of adhesion in composites of modified cellulose fibers and polypropylene [J]. Journal of Applied Polymer Science，1991，42

(3): 609-620.

[13] Mohanty S, Nayak S K. Interfacial, dynamic mechanical, and thermal fiber reinforced behavior of MAPE treated sisal fiber reinforced HDPE composites [J]. Journal of Applied Polymer Science, 2006, 102 (1): 3306-3315.

[14] Saini G, Narula A K, Choudhary V, et al. Effect of particle size and alkali treatment of sugarcane bagasse on thermal, mechanical, and morphological properties of PVC-bagasse composites [J]. Journal of Reinforced Plastic and Composites, 2010, 29 (5): 731-740.

[15] Saini G, Bhardwaj R, Choudhary V, et al. Poly (vinyl chloride) acacia bark flour composite: Effect of particle size and filler content on mechanical, thermal, and morphological characteristics [J]. Journal of Applied Polymer Science, 2010, 117 (3): 1309-1318.

[16] Rimdusit S, Tanthapanchakon W, Jubsilp C. High performance wood composites from highly filled polybenzoxazine [J]. Journal of Applied Polymer Science, 2006, 99 (3): 1240-1253.

[17] Kim H J, Seo D W. Effect of water absorption fatigue on mechanical properties of sisal textile-reinforced composites [J]. International Journal of Fatigue, 2006, 28 (10): 1307-1314.

第6章

壳聚糖生物改性PVC基木塑复合材料热解动力学及流变行为

热解动力学研究的目的在于定量地表征热解反应及相变过程，主要是通过研究复合材料在连续加热的热解过程中发生的物理和化学解体的机制，并配合经典动力学模型分析物质的失重及能量的变化情况，以确定其遵循的概率最大机理函数 $f(\alpha)$，动力学参数 E、A 及速率常数 k，最终提出模拟热降解曲线的反应速率表达式，为新材料的热降解稳定性和各组分的配合做出深入合理的评价。而聚合物基复合材料的流变行为则主要研究在一定的温度和剪切力作用下复合物料流动和形变的变化行为，具体来说是研究复合物料熔体在剪切应力作用下相对应的剪切速率，并通过其间关系求出熔体的黏度，进一步表述为黏度与剪切速率、黏度与温度等因素的关系，是聚合物基复合材料加工过程中最基本且重要的特征。同时，此两种行为（热分解和流变行为）都会随着复合物料配方的变化而发生相应的改变。

在上一章中全面系统地分析了壳聚糖对杉木粉/PVC 复合材料的界面结合增强作用和机理，由于考虑到该复合材料体系中的基体树脂 PVC 中氯原子的存在使得整个分子呈现一定的极性和不规则性，较常规的聚烯烃树脂更易产生热降解反应，降解时 Cl 原子脱出并释放氯化氢（HCl）气体，同时木粉在持续高温条件下也会发生热降解，释放一定量的酸性物质，这些变化都会极大地影响并不同程度地破坏材料的界面结合性能，导致材料的力学性能严重降低的同时释放出难闻的气味；另一方面，不同的复合物料配方产生不一样的流变行为，如先前的文献已表明，PVC 的流变行为在添加不同的 PVC 辅助添加剂（如热稳定剂、增塑剂、改性加工助剂、无机填料、润滑剂等）的情况下均会产生较大的差异，而且复合物料在挤出机中所承受的挤出温度、停留时间和螺杆剪切速率对物料的混合熔融水平的优劣至关重要，直接影响着挤出物料的表观质量和综合物理及力学特性。同时，若在同一配方下，由于复合物料受到热、氧和剪切的三重作用选择和控制不当，则较易加快 PVC 树脂和木粉在加工过程中的降解速度，导致复合材料性能下降，并产生大量的挤出“废料”，从而严重影响生产效率。

当天然壳聚糖加入整个杉木粉/PVC 复合体系之中时，势必会导致复合材料热分解及流变行为的变化。因此，开展壳聚糖/杉木粉/PVC 复合材料的热解特性和流变行为的研究对于进一步剖析该复合材料的特性及其今后实际生产运用有着极其重要的意义。本章采用热重分析法（TGA）和转矩流变法（TR）深入分析壳聚糖/杉木粉/PVC 复合材料的热分解特性、热分解动力学及流变行为，皆在为该材料下一步的生产运用奠定理论基础。

6.1 原材料与研究方法

6.1.1 实验材料

实验材料与第5章相同。

6.1.2 实验仪器

本章实验中所用到的主要仪器设备见表6.1。

表6.1 实验仪器设备一览表

仪器名称	型号	生产厂家
高速混合机	SHR-10A	张家港格兰机械有限公司
热重分析仪(TGA)	TGA 209-F1	德国NETZSCH公司
转矩流变仪(TR)	PLF-651	美国THERMO FISHER公司

6.1.3 实验方法

(1) 热解动力学分析方法

① 测试方法

选用未添加壳聚糖和添加30份壳聚糖的复合材料样品(WF/PVC和WF/PVC/CS-30),在热重分析仪上进行热失重实验,以高纯度氮气(99.99%)为载气,流量为40mL/min,每次实验取6mg样品置于陶瓷干锅中,测试温度为30~800℃,程序升温速率为20℃/min,系统自动采集数据得到样品的失重数据,并经处理得到失重速率数据。

② 计算方法

固体材料的热解过程一般表示如下:

$$A(\text{固体})\longrightarrow B(\text{固体})+C(\text{气体}) \tag{6.1}$$

即固体材料A在受热条件下分解成为固体产物B和挥发性产物C。该反应过程通常被假设为不可逆反应,实验中使用惰性气流的目的是将所产生的挥发性气体及时带走,抑制逆反应的发生。

固体材料的失重过程通常用下列方程来描述，

$$\frac{\mathrm{d}\alpha}{\mathrm{d}t}=kf(\alpha)=A\exp\left(-\frac{E}{RT}\right)f(\alpha) \tag{6.2}$$

式中 α——t 时刻材料的热失重百分数，%；

$f(\alpha)$——固体分解机理的特征函数，不同的分解机理具有不同的特征形式；

k——分解速率常数；

A——指前因子；

E——固体分解的表观活化能，$\mathrm{J \cdot mol^{-1}}$；

R——气体常数，$8.314\mathrm{J \cdot mol^{-1} \cdot K^{-1}}$；

T——温度，K。

对于恒定的升温速率：

$$\mathrm{d}T/\mathrm{d}t=\beta \tag{6.3}$$

式中 T——任一时刻 t 时的温度，$\mathrm{K \cdot min^{-1}}$；

β——升温速率，K。

由式(6.2) 和式(6.3) 得：

$$\frac{\mathrm{d}\alpha}{\mathrm{d}t}=\frac{\mathrm{d}\alpha}{\mathrm{d}t}\cdot\frac{\mathrm{d}t}{\mathrm{d}T}=kf(\alpha)\cdot\frac{1}{\beta}=A\exp\left(-\frac{E}{RT}\right)f(\alpha)\cdot\frac{1}{\beta} \tag{6.4}$$

$$\frac{\mathrm{d}\alpha}{f(\alpha)}=\frac{A}{\beta}\exp\left(-\frac{E}{RT}\right)\mathrm{d}T \tag{6.5}$$

α 是在干燥基础上计算所得，k 则依赖于温度 T，常假设其与 T 符合 Arrhenius 方程（阿伦尼乌斯方程）。

前人基于上式发展了各种动力学的分析方法，如利用 DTG 曲线进行的微分分析法和利用 TG 曲线进行的积分分析法，其目的都是基于热重实验所获得的曲线推导出反应动力学参数 E 和 A，并最终确定出函数 $f(\alpha)$ 的形式。

从实验中即可直接得到的是复合样品质量随温度的变化情况，即 TG 曲线，而 DTG 曲线则需要通过求导后计算得出，因此积分分析法比微分分析法所产生的数值误差更小。

本章采用积分方法来进行动力学分析，定义如下的一个积分函数：

$$g(\alpha)=\int_0^\alpha \frac{d(\alpha)}{f(\alpha)} \tag{6.6}$$

结合式(6.2) 得出：

$$g(\alpha)=\frac{A}{\beta}\int_0^T\left(-\frac{E}{RT}\right)\mathrm{d}T \tag{6.7}$$

式(6.7) 右端的温度积分是不可解析求积的，在不少论文中曾讨论过它的近似解问题。事实上，大多数积分动力学分析方法彼此的区别，就在于它们各自使用不同的温度积分的近似式，结合经典的 Coats-Redfern 积分方法，通过对温度积分的近似推导而进行分析，Coats 和 Redfern 导出的近似积分型方程如式(6.8) 所示：

$$\ln\left[\frac{g(\alpha)}{T^2}\right]=\ln\left[\frac{AR}{\beta E}\left(1-\frac{2RT}{E}\right)\right]-\frac{E}{RT} \tag{6.8}$$

每发展一种动力学模型以描述某一特定物质的热解失重反应，都必须通过各种方法对这种模型进行检验，动力学分析本身，其实就是对所建立模型的一种检验。$\ln[g(\alpha)/T^2]$ 对 $1/T$ 图形线性程度的好坏体现了所建立模型的优劣。通常用于固体反应动力学研究的 $g(\alpha)$ 的形式如表 6.2 所示。

表 6.2　常用的热分解机理函数 $g(\alpha)$ 形式

模型	积分形式机理函数 $g(\alpha)$
零级反应模型 O_0	α
一级反应模型 O_1	$-\ln(1-\alpha)$
二级反应模型 O_2	$(1-\alpha)^{-1}$
三级反应模型 O_3	$(1-\alpha)^{-2}$
相界反应圆柱形对称模型 R_2	$1-(1-\alpha)^{1/2}$
相界反应球形对称模型 R_3	$1-(1-\alpha)^{1/3}$
一维扩散模型 D_1	α^2
二维扩散模型 D_2	$(1-\alpha)\ln(1-\alpha)+\alpha$
三维扩散模型 D_3	$[1-(1-\alpha)^{1/3}]^2$
四维扩散模型 D_4	$(1-2\alpha/3)-(1-\alpha)^{2/3}$

从式(6.8) 可见，$2RT/E\leqslant 1$，故对于正确的 $g(\alpha)$ 的形式，$\ln[g(\alpha)/T^2]$ 对 $1/T$ 的图形应该是一条斜率为 E/R 的直线，且截距中包含频率因子 A。从图形是否呈线性，就可以判断选取的 $g(\alpha)$ 是否恰当，从而可以通过图形的斜率项和截距项分别求出活化能 E 和频率因子 A。

（2）流变行为分析方法

① 测试方法

采用美国 THERMO FISHER 公司生产的 PLF-651 型转矩流变仪（TR）对加入 30 份或不添加壳聚糖的杉木粉/PVC 复合体系流变行为进行对比分析，除壳聚糖外的其余物料配方均按照表 2.2 配制，准确称量 60g，选用 Roller 转子，分别在设定温度 175℃、185℃，转子转速 30r/min、45r/min、60r/min 和 75r/min 的实验条件下测试复合物料的转矩流变曲线。

② 计算方法

采用 Marquez 所推导出的公式：

$$M=C(n)mS^{n} \tag{6.9}$$

式中 M——转矩流变仪测得的转矩，N·m；

m——黏度系数，$Pa \cdot s^{n}$；

S——转子速度，r/s；

n——流动指数。

其中，$C(n)$ 表达式如式(6.10)：

$$C(n)=2\pi LR_{0}^{2}\left[\frac{2}{n(\alpha^{-2/n}-1)}\right]^{n}(1+b^{n+1}) \tag{6.10}$$

式中 L——密闭混合器长度，m；

R_0——密闭混合器半径，m；

b——两转子转速之比；

α——转子等效半径 R_e 与密闭混合器半径 R_0 之比。

Mellette 和 Soberanis 等建立了 α 与 $C(n)$ 的关系：

$$\alpha=0.26675+3.6076\times10^{3}C(n)-7.5662\times10^{6}C(n)^{2}+5.60303\times10^{9}C(n)^{3} \tag{6.11}$$

另外，阿伦尼乌斯方程给出了计算黏度系数 m 的方法，表达式为：

$$m=k\exp(\Delta E/RT) \tag{6.12}$$

式中 k——阿伦尼乌斯方程的前置因子（常数）；

ΔE——活化能，J；

R——通用气体常数，8.314$J \cdot mol^{-1}$；

T——热力学温度，K。

基于阿伦尼乌斯方程，Marquez 模型可以写成如下形式：

$$M=C(n)mS^{n}=C(n)k\exp(\Delta E/RT)S^{n} \tag{6.13}$$

两边取对数，得：

$$\ln M=\ln[C(n)k]+\Delta E/RT+n\ln S \tag{6.14}$$

根据不同温度和转速条件下得到的平衡转矩和平衡温度数据，采用式(6.14) 进行拟合，使用 SPSS 进行多元回归分析求取复合物料的活化能 ΔE、流动指数 n 以及 $C(n)$ k 的值，然后联立式(6.10) 和式(6.11)，进一步求出 α、$C(n)$ 等值。

6.2 热解动力学

(1) 热解特性对比分析

图 6.1 和图 6.2 是未添加壳聚糖和添加 30 份壳聚糖复合材料（WF/PVC 和 WF/PVC/CS-30）的 TG 和 DTG 曲线。由于在木塑复合材料的制备过程中，木粉、壳聚糖等易吸水的物料均已烘干至极低的含水率，又加之在同向双螺杆造粒过程中，剪切摩擦和热传递的作用使得部分内部结合水再次得以有效排除，故在 TG 曲线上，复合材料常规的脱水失重阶段（约为 70～150℃）不太明显，仅 1%～2%。被测试样品的热解过程主要可以分为两个阶段，温度范围分别为 240～400℃和 400～540℃。热解过程中主要包含有木质材料中半纤维素和纤维素的分解（包括脱水、重排及裂解反应，其间产生水、CO、CO_2、挥发性低分子糖衍生物及左旋葡萄糖的裂

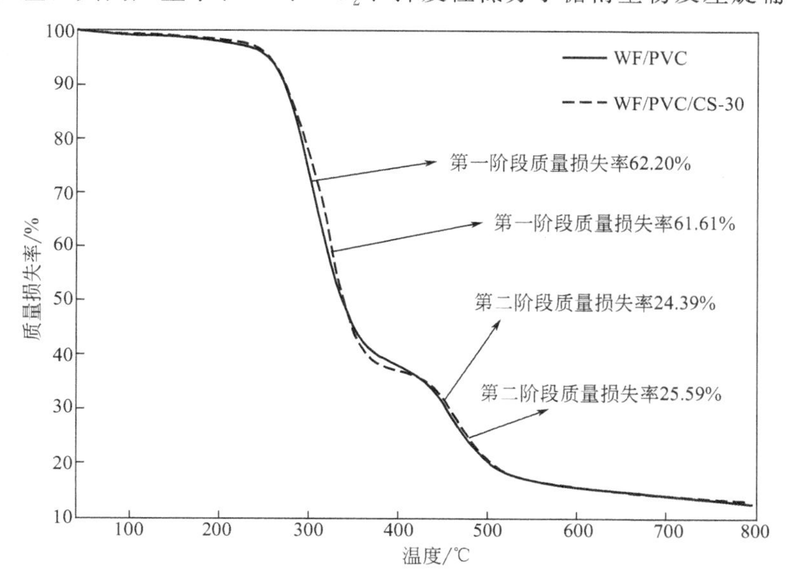

图 6.1 未添加和添加 30 份壳聚糖时杉木粉/PVC 复合材料的 TG 曲线

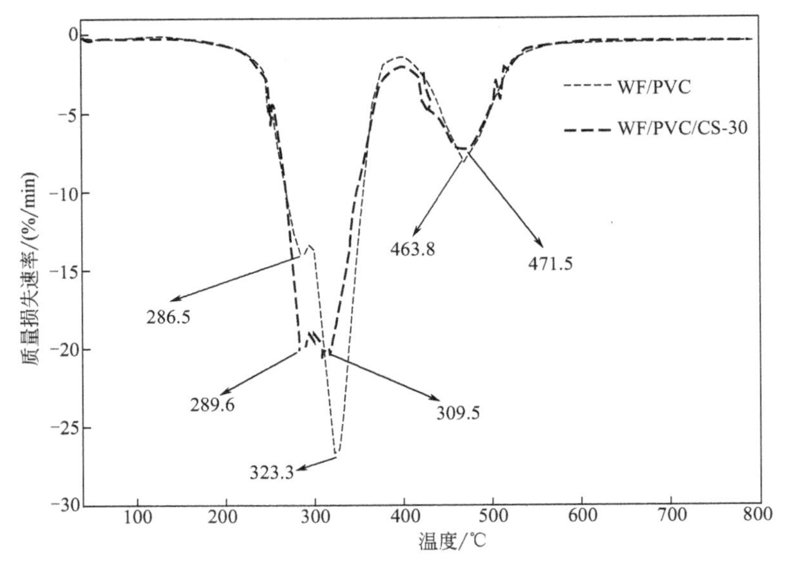

图 6.2 未添加和添加 30 份壳聚糖时杉木粉/PVC 复合材料的 DTG 曲线

解产物）；木质素分子间的交联、环化、脱小分子反应及裂解和不太稳定的脂肪烃基团通过 C—C 键和 C—H 键的断裂而降解；PVC 受热脱 HCl 以及部分结晶、同分异构化、交联和芳环化等反应；壳聚糖的大分子链断裂和基团破坏；等等。

配合着图 6.2 可以看出，WF/PVC 样品第一个降解过程的质量损失率为 62.20%，所对应的第一个峰的 286.5℃是复合材料中木粉的半纤维素和纤维素的最大降解发生的温度，而第二个峰的 323.3℃则是木粉中木质素的最大降解过程以及部分的 PVC 降解；第二个降解过程的质量损失率为 24.39%，所对应的 463.8℃处的峰为 PVC 树脂的最大降解过程。对于添加了 30 份壳聚糖的 WF/PVC/CS-30 的复合材料样品来说，TG 和 DTG 曲线稍有改变，质量损失率和峰的位置就会出现一定的差异。在第一个降解过程中（240～400℃），质量损失率为 61.61%，所对应的峰 289.6℃和 309.5℃分别为半纤维素、纤维素的最大降解温度和壳聚糖的最大降解温度，而第二个降解过程质量损失率为 25.59%，峰值温度 471.5℃所对应的过程与 WF/PVC 一样，为 PVC 树脂的最大降解过程。DTG 曲线中峰位置的滞后变化是由于壳聚糖的加入增加了复合材料的界面相容性和结合性，使得复合物料整体的降解有所滞后，且壳聚糖的高吸附能力也可能会吸附一部分 PVC 前期降解释放的 HCl（其存在会加速 PVC 中 C═C 双键的断裂），一定程度上起到阻碍 PVC 热降解的效用。

(2) 热解动力学模型分析

由上述分析可知，复合材料样品在氮气气氛下的热失重曲线主要分为两个阶段，即240～400℃和400～540℃。因此，可以将两个温度区间内发生的失重过程，看成是在不同的温度区间内发生的独立的反应过程，由此将式(6.8) 分别单独地应用于这两个温度区间内，来构建整个热解失重过程的反应动力学模型。相应地，在进行动力学分析过程中使用的样品初始及终了质量分数也分别在这两个温度区间内定义，具体见式(6.15)。

$$\alpha=\frac{W_0-W_t}{W_0-W_\infty}=\frac{\Delta W_t}{\Delta W_\infty} \tag{6.15}$$

式中 W_0——样品的初始质量，g；

W_t——t 时刻样品的质量，g；

W_∞——反应结束时样品的质量，g；

ΔW_t——t 时刻样品的质量损失，g；

ΔW_∞——反应结束时样品总的质量损失，g；

α——分解率，是描述固体分解程度的物理量。

将实验曲线及所对应的数据按不同反应模型（见表6.2）拟合作图，结果见图6.3～图6.6。

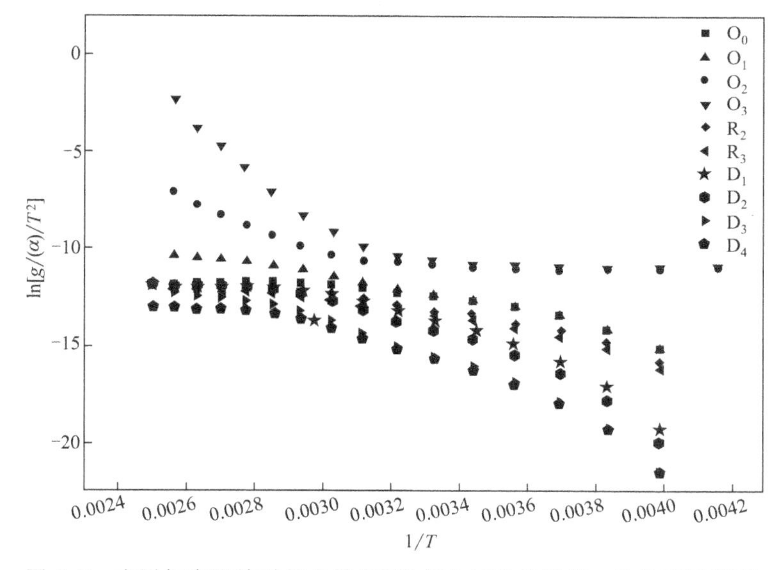

图6.3 未添加壳聚糖时杉木粉/PVC复合材料热解第一阶段不同模型

根据图6.3列出未添加壳聚糖时杉木粉/PVC复合材料降解第一阶段(240～400℃) 不同模型的线性回归方程及相关系数如下：

零级反应模型 O_0 $y=-1857.916x-6.719$ $R^2=0.805$

一级反应模型 O_1　　$y=-3068.229x-2.224$　$R^2=0.951$

二级反应模型 O_2　　$y=-2178.537x-2.992$　$R^2=0.671$

三级反应模型 O_3　　$y=-4965.893x+7.474$　$R^2=0.721$

相界反应圆柱形对称模型 R_2　$y=-2343.668x-5.610$　$R^2=0.903$

相界反应球形对称模型 R_3　$y=-2573.158x-5.176$　$R^2=0.936$

一维扩散模型 D_1　$y=-4345.327x+0.086$　　$R^2=0.855$

二维扩散模型 D_2　$y=-5154.192x+2.342$　　$R^2=0.911$

三维扩散模型 D_3　$y=-5775.823x+3.173$　　$R^2=0.950$

四维扩散模型 D_4　$y=-5146.991x+0.873$　　$R^2=0.915$

从线性拟合的结果可知一级反应模型的拟合最好，相关系数为0.951，而其他九种模型的相关系数都比一级反应模型要小，因此未添加壳聚糖时杉木粉/PVC复合材料降解第一阶段属于一级反应模型。

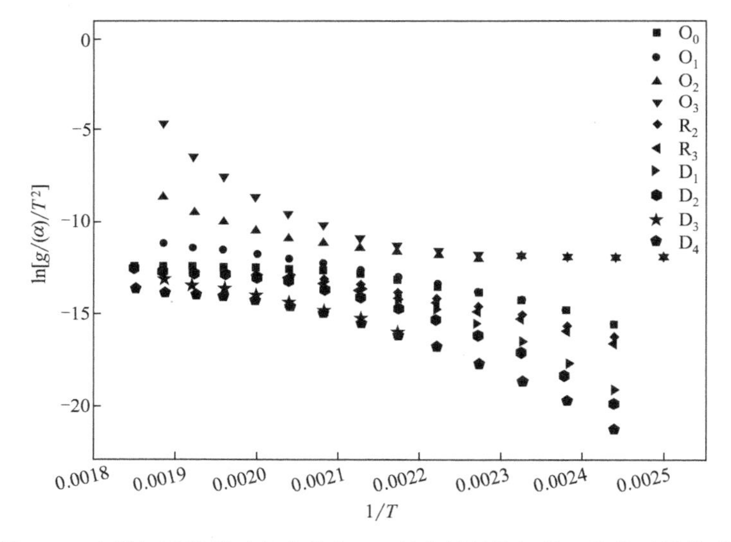

图 6.4　未添加壳聚糖时杉木粉/PVC复合材料热解第二阶段不同模型

根据图6.4列出未添加壳聚糖时杉木粉/PVC复合材料降解第二阶段（400～540℃）不同模型的线性回归方程及相关系数如下：

零级反应模型 O_0　　$y=-4918.684x-2.925$　$R^2=0.865$

一级反应模型 O_1　　$y=-7773.183x+3.712$　$R^2=0.984$

二级反应模型 O_2　　$y=-4758.152x-0.864$　$R^2=0.734$

三级反应模型 O_3　　$y=-10435.743x+12.542$　$R^2=0.767$

相界反应圆柱形对称模型 R_2　$y=-6058.785x-0.951$　$R^2=0.968$

相界反应球形对称模型 R_3　$y=-6597.331x-0.109$　$R^2=0.960$

一维扩散模型 D_1　$y=-10777.044x+8.463$　$R^2=0.887$

二维扩散模型 D_2　$y=-12815.572x+12.478$　$R^2=0.934$

三维扩散模型 D_3　$y=-14134.337x+14.094$　$R^2=0.966$

四维扩散模型 D_4　$y=-12663.397x+10.687$　$R^2=0.936$

从线性拟合的结果可知一级反应模型的拟合最好，相关系数为 0.984，而其他九种模型的相关系数都比一级反应模型要小，因此未添加壳聚糖时杉木粉/PVC 复合材料降解第二阶段也属于一级反应模型。

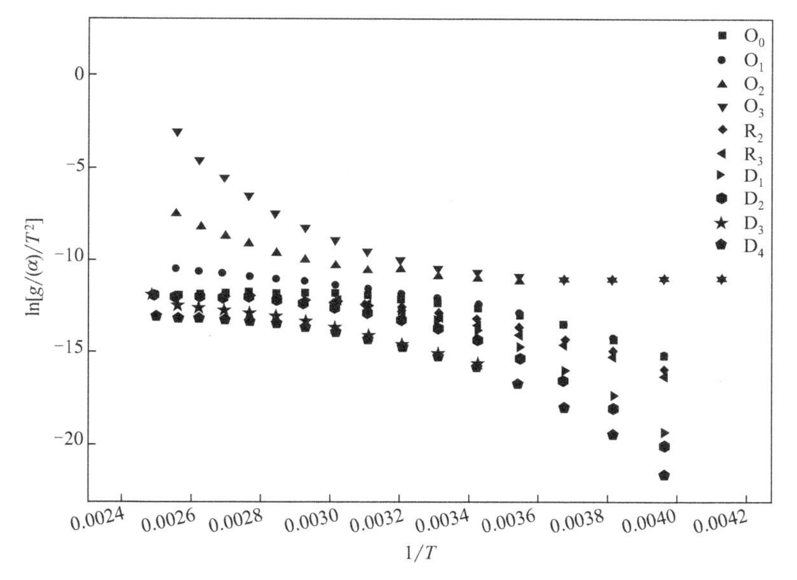

图 6.5　添加 30 份壳聚糖时杉木粉/PVC 复合材料热解第一阶段不同模型

根据图 6.5 列出添加 30 份壳聚糖时杉木粉/PVC 复合材料降解第一阶段（240～400℃）不同模型的线性回归方程及相关系数如下：

零级反应模型 O_0　$y=-1848.200x-6.720$　$R^2=0.753$

一级反应模型 O_1　$y=-3135.927x-2.029$　$R^2=0.975$

二级反应模型 O_2　$y=-1964.064x-3.754$　$R^2=0.717$

三级反应模型 O_3　$y=-4583.123x+5.955$　$R^2=0.766$

相界反应圆柱形对称模型 R_2　$y=-2317.107x-5.664$　$R^2=0.862$

相界反应球形对称模型 R_3　$y=-2536.794x-5.263$　$R^2=0.900$

一维扩散模型 D_1　$y=-4327.082x+0.088$　$R^2=0.813$

二维扩散模型 D_2　$y=-5136.589x+2.352$　$R^2=0.874$

三维扩散模型 D_3 $y=-5704.270x+3.003$ $R^2=0.923$

四维扩散模型 D_4 $y=-5102.806x+0.795$ $R^2=0.880$

从上述分析可知，十种模型中一级反应模型的拟合最好，相关系数为0.975，因此添加30份壳聚糖对杉木粉/PVC复合材料降解第一阶段属于一级反应模型。

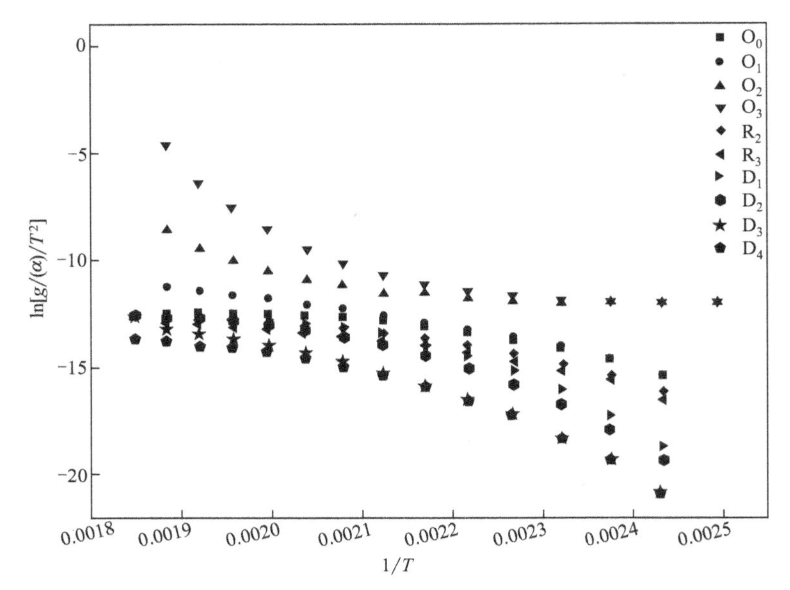

图 6.6　添加30份壳聚糖时杉木粉/PVC复合材料热解第二阶段不同模型

根据图6.6列出添加30份壳聚糖时杉木粉/PVC复合材料降解第二阶段（400～540℃）不同模型的线性回归方程及相关系数如下：

零级反应模型 O_0 $y=-4335.256x-4.062$ $R^2=0.838$

一级反应模型 O_1 $y=-7154.836x+2.512$ $R^2=0.977$

二级反应模型 O_2 $y=-4820.232x-0.694$ $R^2=0.760$

三级反应模型 O_3 $y=-10561.053x+12.884$ $R^2=0.789$

相界反应圆柱形对称模型 R_2 $y=-5466.425x-2.100$ $R^2=0.923$

相界反应球形对称模型 R_3 $y=-6003.299x-1.259$ $R^2=0.950$

一维扩散模型 D_1 $y=-9611.337x+6.191$ $R^2=0.866$

二维扩散模型 D_2 $y=-11572.311x+10.041$ $R^2=0.919$

三维扩散模型 D_3 $y=-12947.424x+11.796$ $R^2=0.958$

四维扩散模型 D_4 $y=-11480.529x+8.391$ $R^2=0.924$

从上述分析可知，十种模型中一级反应模型的拟合最好，相关系数为

0.977，因此，添加30份壳聚糖对杉木粉/PVC复合材料降解第二阶段也属于一级反应模型。

综上所述，壳聚糖加入与否对复合材料的两个主要阶段的热解反应模型影响不大，在各个温度段，样品的 $\ln[\ln(1-\alpha)/T^2]$ 与 $1/T$ 均具有较好的线性关系。另外，根据所得出的一级反应模型，可以计算出材料每个阶段所对应的活化能和指前因子，见表6.3。

表6.3 一级反应模型计算得到的复合材料氮气气氛下热分解动力学参数

样品组别	失重温度范围/℃/	热解活化能 E/(kJ/mol)	指前因子 A/s^{-1}	相关系数 R^2
WF/PVC	240～400	25.51	1.21×10^4	0.951
WF/PVC/CS-30	240～400	26.07	9.37×10^3	0.975
WF/PVC	400～540	64.62	8.47×10^6	0.984
WF/PVC/CS-30	400～540	59.48	2.54×10^6	0.977

从表6.3可知，壳聚糖的加入明显影响了复合材料的热解动力学参数，与前述分析一致，由于壳聚糖的加入使得整个复合体系的相容性增强，故在第一阶段添加了30份壳聚糖的复合材料的活化能（$26.07kJ\cdot mol^{-1}$）比未添加壳聚糖的复合材料高（$25.51kJ\cdot mol^{-1}$）；但当热解进入第二阶段，由于壳聚糖已经达到最大降解温度，故整个体系的活化能降低。然而，对于复合材料样品第二阶段来说，无论加入壳聚糖与否，该段（高温段）各自对应的活化能均远远高于第一阶段（中、低温段），这是因为在氮气中，低温段的热解挥发物的成分大部分主要是脂肪类C—O的断裂和PVC脱HCl，而高温段的热失重主要是键能较大的C—C键氧化为C═O和C—O的反应及部分C—H键和C—O键进一步断裂和芳香化转化过程，因此高温段的活化能明显较高。

通过表中数据也可列出未添加壳聚糖和添加30份壳聚糖的复合材料在第一失重阶段的热解动力学方程，分别为：$d\alpha/dt=1.21\times10^4\times(1-\alpha)\times\exp(-25510/RT)$ 和 $d\alpha/dt=9.37\times10^3\times(1-\alpha)\times\exp(-260700/RT)$；在第二失重阶段的热解动力学方程分别为：$d\alpha/dt=8.47\times10^6\times(1-\alpha)\times\exp(-64620/RT)$ 和 $d\alpha/dt=2.54\times10^6\times(1-\alpha)\times\exp(-59480/RT)$。

6.3 流变行为

（1）转矩流变曲线分析

转矩流变行为的测试分析是模拟实际生产中复合物料挤出过程的流变

方式最理想的方法，采用转矩流变仪测试时，复合物料以粉末的形式自加料口由压料杆压入密炼室中，物料受到上顶栓的压力，同时受到转速不同、方向相反的两个转子所施加的作用力，并且通过转子表面与密炼室壁之间的搅拌、剪切、挤压及两个转子间的捏合、撕扯、轴向翻捣、捏炼等作用，最终实现物料的塑化、混炼及均匀。

图 6.7 显示的是未添加和添加 30 份壳聚糖时杉木粉/PVC 复合材料的转矩流变曲线。如图所示，在复合物料刚被加入的阶段（5s 以内），图中出现一个较大的转矩峰，该峰的产生是由于复合物料在完全加入的瞬间堆积在一起对快速转动的转子产生一个相反的载荷作用；之后，复合物料逐渐被均匀地分散在转子与密炼室间，故转矩值随之下降，但由于此阶段密炼室“热”的壁表面上大量的热量被相对“冷”的复合物料所吸收，故此时复合物料所对应的温度曲线急剧下降，直至最低点；然后，复合物料在密炼室壁腔表面传热、转子剪切和物料之间相互摩擦的三重作用下，其状态逐渐开始由松散的正常状态向密实的熔融态过渡，物料的黏度和流动性也逐渐增加，故转矩值也开始升高。当转矩值达到第二个峰值时，混合物料达到完全密实状态，两个转矩峰之间的时间被称为熔融时间，同时，第二个转矩峰所对应的温度值和转矩值分别被称为熔融温度和熔融转矩。当越过第二个转矩峰之后，转矩值逐渐趋于平稳，第二个转矩峰和转矩再次改变之间的时间被称为稳定加工时间。

从图 6.7 和表 6.4 中还能得出，壳聚糖的加入对复合物料的四个转矩流变参数有一定的影响。当 30 份壳聚糖加入杉木粉/PVC 的复合体系中，复合物料的熔融时间、熔融温度和稳定加工时间均有一定程度的增加，分别从先前的 2.74min、194.5℃和 8.02min，增加至 3.70min、198.8℃和 17.37min，而熔融转矩有所降低，从原来的 14.9N·m 降至 11.5N·m。该现象详细解释如下：当复合体系从剪切和热传导作用获得充足的热量之后，熔融随即开始，大体上来说，由于与木粉中主要成分纤维素有相似分子链结构的壳聚糖热容量较 PVC 树脂高，相比未添加壳聚糖的复合体系来说，当壳聚糖被加入后，其会对 PVC 树脂产生一定程度的包裹作用，阻碍 PVC 树脂与密炼室壁表面、转子及复合物料间的热传递和剪切摩擦作用，从而导致 PVC 树脂需要更长的熔融时间及加工稳定时间，整个体系也需要更多的热量来维持树脂的熔融，而 WF/PVC/CS 复合物料更低的容积密度导致压紧不充分。

除此之外需要留意的是，转矩值在 21min 左右时突然开始下降，究其原因是在一段时间之后，复合物料和密炼室壁的摩擦作用随着物料被进一步压紧而减小。因此，在实际的挤出加工过程中，可通过适当提升挤出机压力和延长物料在料筒中的时间来保证物料混合的充分性与均匀性。

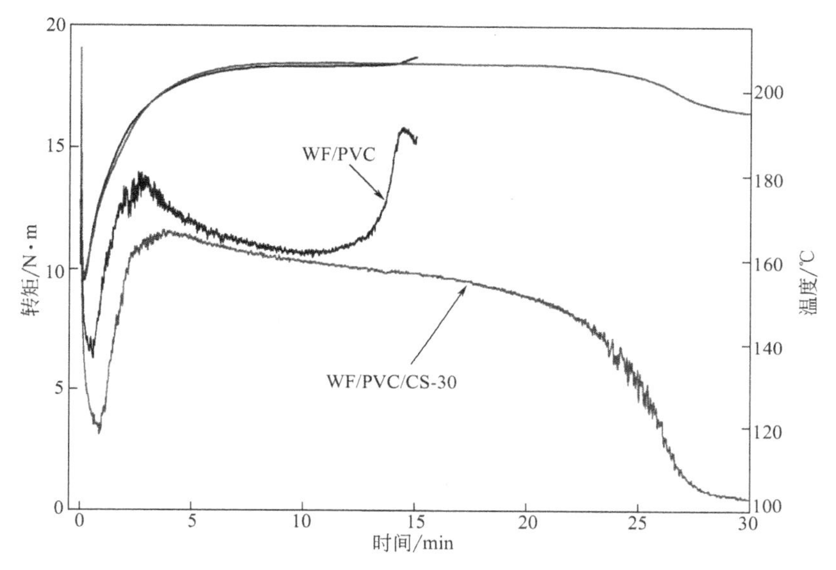

图 6.7　未添加和添加 30 份壳聚糖时杉木粉/PVC 复合材料的转矩流变曲线

表 6.4　未添加和添加 30 份壳聚糖时杉木粉/PVC 复合材料转矩流变参数

样品组别	熔融时间/min	熔融转矩/N·m	熔融温度/℃	稳定加工时间/min
WF/PVC	2.74	14.9	194.5	8.02
WF/PVC/CS-30	3.70	11.5	198.8	17.37

(2) 转矩流变行为及参数分析

图 6.8 和图 6.9 是不同设定温度（175℃和 185℃）下和转子转速（30r/min、45r/min、60r/min 和 75r/min）下未添加和添加 30 份壳聚糖时杉木粉/PVC 复合材料转矩流变曲线。从图中可以看出，在同一温度下，转子转速越大，所对应的平衡温度和平衡转矩越大；而在同一转子转速下，温度越高，所对应的平衡温度越高，但平衡转矩却越小。相比未添加壳聚糖的杉木粉/PVC 复合材料，添加 30 份壳聚糖的杉木粉/PVC 复合材料的平衡温度和平衡转矩均相对较高。二者各自对应的具体数据见表 6.5。

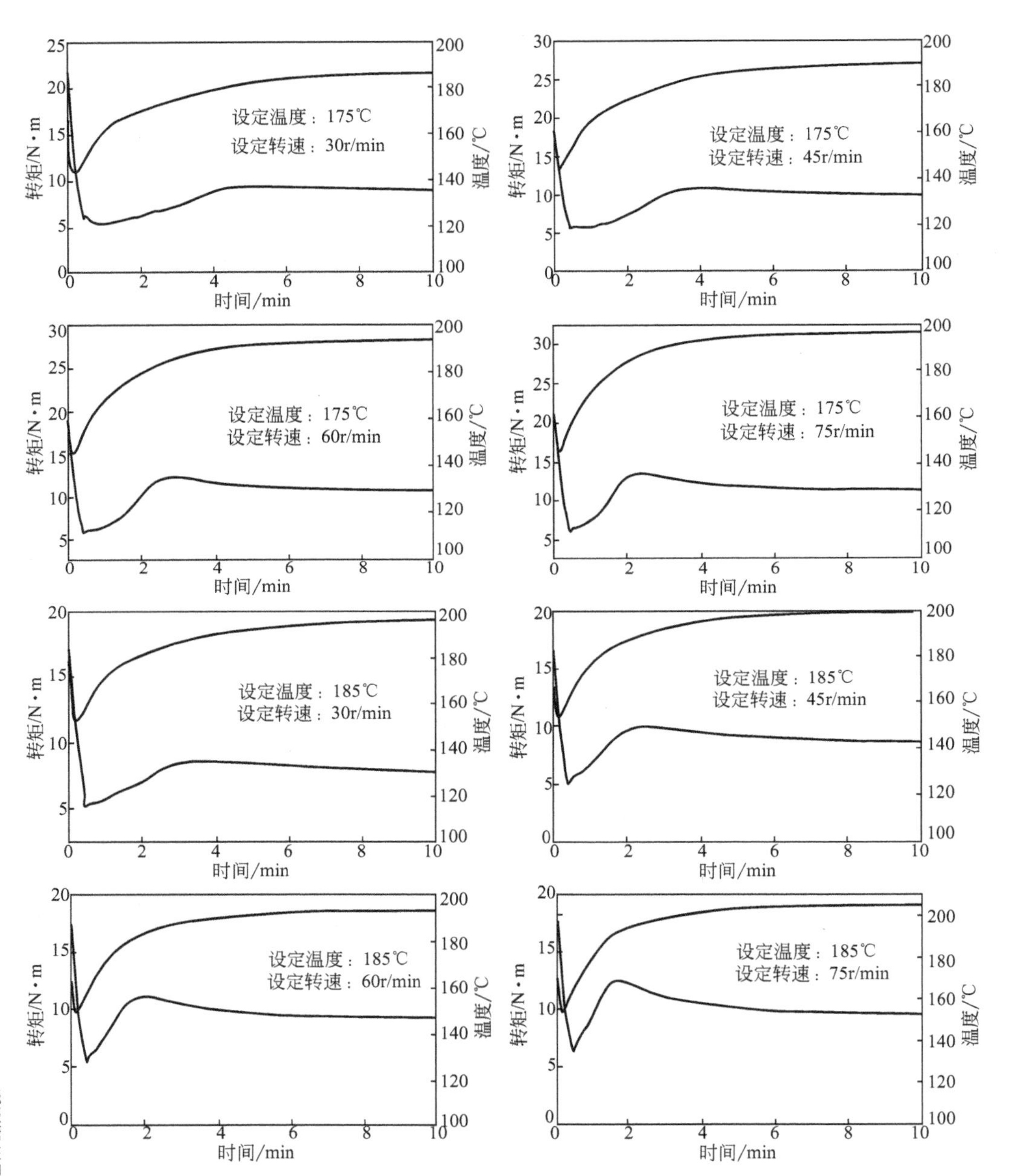

图 6.8　不同设定温度和转速下未添加壳聚糖时杉木粉/PVC复合材料转矩流变曲线

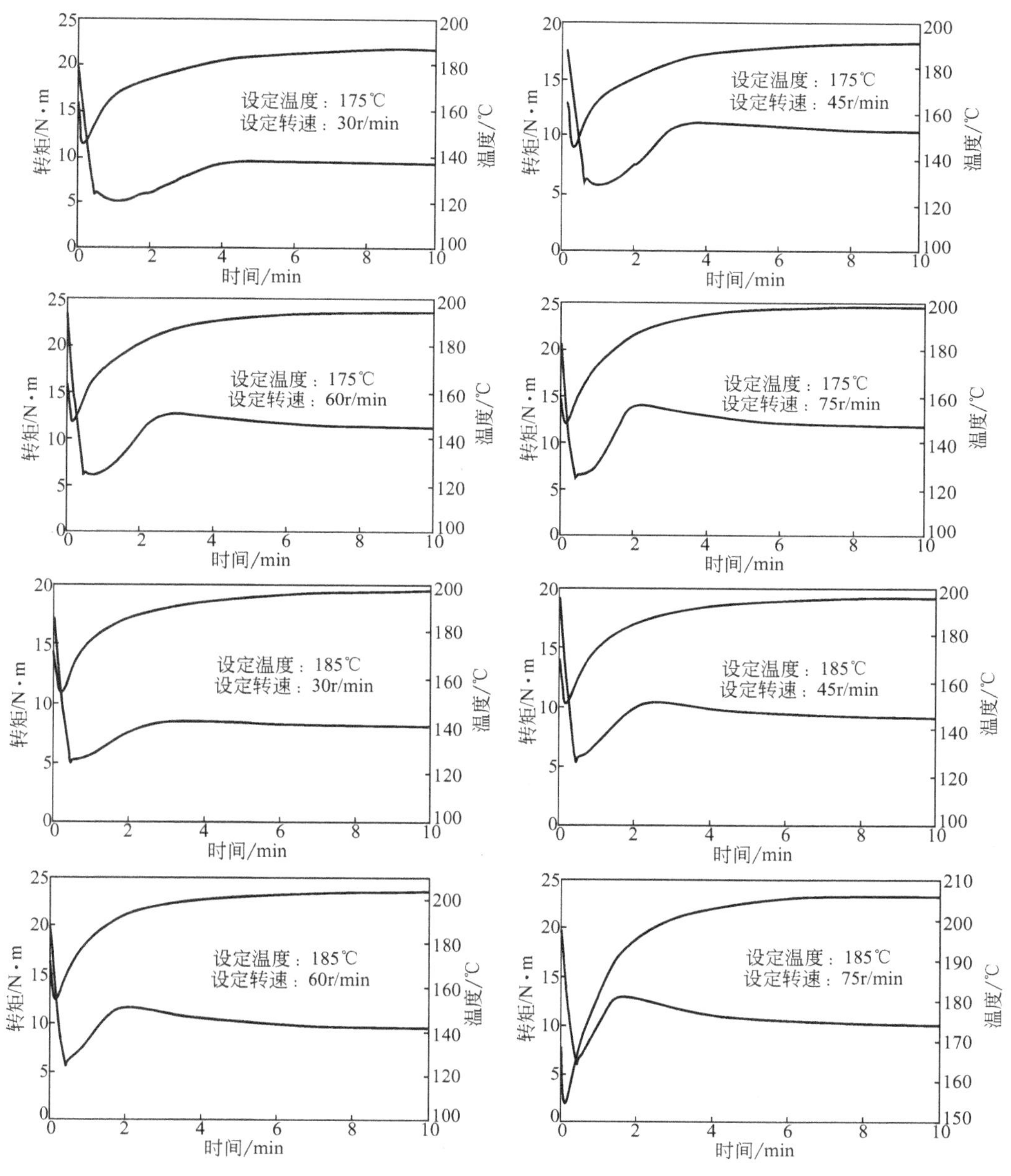

图 6.9 不同设定温度和转速下添加 30 份壳聚糖的杉木粉/PVC 复合材料转矩流变曲线

表 6.5　未添加壳聚糖时杉木粉/PVC复合材料在不同设定温度和转子转速下的平衡转矩和平衡温度

设定温度/℃	转子转速/(r/min)	平衡温度/℃	平衡转矩/N·m
175	30	186.7	8.9
175	45	190.2	10.2
175	60	193.6	10.8
175	75	196.6	11.5
185	30	196.4	8.2
185	45	199.7	8.7
185	60	202.2	9.3
185	75	205.0	9.7

根据式(6.14)，将平衡转矩（M）、平衡温度（T）和转子转速（S）之间的数学关系变换成多元线性方程得：

$$y=a_1x_1+a_2x_2+b \tag{6.16}$$

式中，$y=\ln M$；$a_1=\Delta E/R$；$x_1=1/T$；$a_2=n$；$x_2=\ln S$；$b=\ln[C(n)k]$。

对表6.5中未添加壳聚糖时杉木粉/PVC复合材料在不同设定温度和转子转速下的平衡转矩和平衡温度进行多元线性回归后，其结果见表6.6和表6.7，表6.6的回归方程显著性和回归系数显著性检验结果均显示，方程拟合程度较高，且其回归系数十分显著，这说明Marquez模型是适合木塑复合材料的。已知转矩流变仪参数L为0.048m，R_e为0.0186m，R_0为0.0196m，α为0.949，左右转子转速之比为2∶3，b为1.5，从表中所得出的参数可以计算出该复合材料的活化能ΔE为27.698kJ·mol^{-1}，n值为0.382，而m和$C(n)m$在不同条件下的计算结果见表6.8。

表 6.6　回归方程的显著性检验结果

模型	平方和	df	均方	F	Sig.
回归	0.088	2	0.044	57.935	0.000[a]
残差	0.004	5	0.001		
总计	0.092	7			

表 6.7　回归系数的显著性检验结果

模型	参数系数	t值	Sig.
截距	−5.464	−5.257	0.003
x_1	3331.504	7.075	0.001
x_2	0.382	10.737	0.000

注：截距为$\ln[C(n)k]$，x_1的系数为$\Delta E/R$，x_2的系数为n。

表 6.8 未添加壳聚糖时杉木粉/PVC 复合材料的在不同设定温度和转子转速下的流体参数计算结果

转子转速/(r/min)	平衡温度/℃	m/kPa·s^n	$C(n)m$/N·m·s^n
30	186.7	6.168	5.749
45	190.2	6.054	5.643
60	193.6	5.744	5.353
75	196.6	5.616	5.234
30	196.4	5.683	5.296
45	199.7	5.164	4.813
60	202.2	4.946	4.610
75	205.0	4.737	4.415

注：未添加壳聚糖经过计算后 $C(n)$ 为 0.000932。

流动活化能 ΔE 是高分子链段克服位垒，由原位置跃迁到附近“空穴”所需的最小能量。一般分子链刚性越强或者分子间作用力越大，流动活化能越高。另外，根据描述假塑性流体和膨胀性流体流变行为的幂律方程如式(6.17)，

$$\tau = K\gamma^n \tag{6.17}$$

式中 K——流体稠度，Pa·s；

γ——剪切速率，s^{-1}；

n——流动指数，又称非牛顿指数。

非牛顿指数 n 是表征物料偏离牛顿流体的程度。对于绝大多数聚合物熔体而言，其非牛顿指数 $n<1$，为剪切变稀的假塑性流体。对于假塑性流体，$n<1$；膨胀性流体，$n>1$。未添加壳聚糖时木塑复合材料熔融流体的流动指数 n 值为 0.382，因此可以判断其流体类型是假塑性流体，其流动不存在屈服应力。当流动很慢时，剪切黏度保持为常数；而随着剪切速率的增大，由幂律方程可知，其剪切黏度却降低，呈“剪切变稀”效应。先前的研究也指出当 $0.35<n<0.7$ 且 $C(n)m$ 的值为 2～7N·m·s^n 时，流体的假塑性中等，而实验结果中的未添加壳聚糖的杉木粉/PVC 复合材料熔融流体的 n 值在 $0.35<n<0.7$ 之间，且不同设定温度和转速下 $C(n)m$ 值范围在 4.42～5.75N·m·s^n，因此可以判断未添加壳聚糖的复合材料熔融流体的假塑性中等。

表 6.9　添加 30 份壳聚糖时杉木粉/PVC 复合材料在不同设定温度和转子转速下的平衡转矩和平衡温度

设定温度/℃	转子转速/(r/min)	平衡温度/℃	平衡转矩/N·m
175	30	187.4	9.4
175	45	191.2	10.8
175	60	194.5	11.3
175	75	197.6	11.8
185	30	197.3	8.5
185	45	200.3	9.1
185	60	203.2	9.6
185	75	205.7	10.2

对表 6.9 中添加了 30 份壳聚糖时杉木粉/PVC 复合材料在不同设定温度和转子转速下的平衡转矩和平衡温度进行多元线性回归后其结果见表 6.10 和表 6.11。表 6.10 的回归方程显著性和回归系数显著性检验结果均显示，方程拟合程度较高，且其回归系数十分显著。这说明 Marquez 模型也适合壳聚糖/杉木粉 PVC 复合材料，并且从表中所得出的参数中可以计算出此时复合物料的活化能 ΔE 为 29.237kJ·mol^{-1}，n 值为 0.381，m 和 $C(n)m$ 的计算结果见表 6.12。相比未添加壳聚糖的复合物料，其活化能增加 1.539kJ·mol^{-1}，n 值减小 0.001，说明壳聚糖的添加使得复合物料熔融时所需要的能量有一定的升高，这与先前流变曲线行为的分析相一致。而 $C(n)m$ 值的范围也有所增加，在 4.65～6.08N·m·s^n 范围内，仍然属于假塑性中等的流体，这说明壳聚糖的添加对复合物料的流变特性没有“质”的改变。

表 6.10　回归方程的显著性检验结果

模型	平方和	df	均方	F	Sig.
回归	0.087	2	0.043	77.008	0.000[a]
残差	0.003	5	0.001		
总计	0.089	7			

表 6.11　回归系数的显著性检验结果

模型	参数系数	t 值	Sig.
截距	−5.800	−6.399	0.001
x_1	3516.598	8.551	0.000
x_2	0.381	12.342	0.000

注：截距为 $\ln[C(n)k]$，x_1 的系数为 $\Delta E/R$，x_2 的系数为 n。

表 6.12　添加 30 份壳聚糖时杉木粉/PVC 复合材料在不同设定温度和转子转速下的流体参数计算结果

转子转速/(r/min)	平衡温度/℃	m/kPa·s^n	$C(n)m$/N·m·s^n
30	187.4	6.536	6.079
45	191.2	6.435	5.984
60	194.5	6.034	5.611
75	197.6	5.787	5.382
30	197.3	5.910	5.497
45	200.3	5.422	5.042
60	203.2	5.126	4.767
75	205.7	5.002	4.652

注：添加 30 份壳聚糖经过计算后 $C(n)$ 为 0.000930。

参考文献

[1] 胡荣祖，高胜利，赵凤起，等.热分析动力学 [M].北京：科学出版社，2008.

[2] Müller M，Militz H，Krause A. Thermal degradation of ethanolamine treated poly (vinyl chloride) /wood flour composites [J]. Polymer Degradation and Stability，2012，97 (2)：166-169.

[3] 江国栋，张军，周民吉，等.ACR 对硬质 PVC 流变性能的影响 [J].塑料工业，2005，33 (6)：57-60.

[4] 王民权，樊先平，蔡启振.煅烧高岭土的组成、结构对填充 PVC 流变性能的影响 [J].塑料工业，1994，(2)：43-47.

[5] 杨智明，马元荣，许淑贞.润滑剂对透明硬质 PVC 流变性能的影响 [J].塑料工业，1992，(2)：47-51.

[6] 段予忠，王建明，盛习敏，等.粉煤灰填充 PVC 流变性能的研究 [J].塑料工业，1987，(1)：48-50.

[7] Raveendran K，Ganesh A，Khilar K C. Influence of mineral matter on biomass pyrolysis characteristics [J]. Fuel，1995，74 (12)：1812-1822.

[8] Liu N A，Fan W C，Dobashi R，et al. Kinetic modeling of thermal decomposition of natural cellusic materials in air atmosphere [J]. Journal of Analytical and Applied Pyrolysis，2002，63 (2)：303-325.

[9] Marquez A，Quijano J，Gaulin M. A calibration technique to evaluate the power-law parameters of polymer melts using a torque-rheometer [J]. Polymer Engineering and Science，1996，36 (20)：2556-2563.

[10] Mallette J G，Soberanis R R. Evaluation of rheological properties of non-newtonian fluids in internal mixers：An alternative method based on the power law model [J]. Polymer Engineering and Science，1998，38 (9)：1436-1442.

[11] Cardenas G, Miranda S P. FTIR and TGA studies of chitosan composite films [J]. Journal of Chilean Chemical Society, 2004, 49 (4): 291-295.

[12] Yang H P, Yan R, Chen H P, et al. Characteristics of hemicellulose, cellulose and lignin pyrolysis [J]. Fuel, 2007, 86 (12-13): 1781-1788.

[13] Diab M A, El-Sonbati A Z, Bader D M D. Thermal stability and degradation of chitosan modified by benzophenone [J]. Spectrochimica Acta A, 2011, 79 (5): 1057-1062.

[14] Wendlandt W W. Thermal Analysis. 3 Edn [M]. New York: John Wiley&Sons, Ltd., 1986: 80-81.

[15] 赵新亮. 转矩流变仪中聚合物流变及混合过程研究 [D]. 广州：华南理工大学，2011：8-9.

[16] Ari G A, Aydin I. Rheological and fusion behaviors of PVC micro-and nano-composites evaluated from torque rheometry data [J]. Journal of Vinyl and Additive Technology, 2010, 16 (4): 223-238.

[17] 金日光，华幼卿. 高分子物理 [M]. 北京：化学工业出版社，2006.

第7章

纳米粒子插层-表面接枝对生物改性PVC基木塑复合材料界面结合影响

自从木塑复合材料问世以来，其界面相容性研究的高峰就一直被不断地攀升，取得一次又一次重大的突破，这使得该材料从十多年前的新兴“朝阳产业”逐渐过渡并转向“成熟产业”。对于所研究的壳聚糖/杉木粉/PVC复合材料来说，虽然前几章的研究已经证实壳聚糖能较好地提升该复合材料的界面结合性能，但材料的整体热稳定性能有所下降，吸水增重率明显增加。如能在前述研究的基础上进行适当的物理化学修饰改性，对于更深入地揭示和探究壳聚糖、杉木粉和PVC树脂间的界面相容性以及进一步改善复合材料的热稳定性及吸水稳定性均有较好的帮助，也为该新型复合材料今后进一步的研究奠定良好的理论基础。

纳米粒子改性复合材料的方法自1984年被首次提出后就一直在各个领域不断发展，该方法主要是指无机填充物以超细的纳米相畴尺寸分散在有机聚合物基体中。在同样的填充量下，由于纳米粒子具有极大的比表面积和极高的表面能等纳米尺寸效应，使得其加入高分子聚合物基体后，与基体形成极强界面啮合作用，使得改性效果比相应传统的大尺寸或微米级无机填充物改性有极为显著的提升，甚至表现出全新的特性和功能，如高强度、高模量、高韧性、高耐热性、高透明性、高导电性、高阻隔性、高抗蠕变性等，甚至于在磁性、光学性质、电磁波吸收、化学活性等方面呈现出各种优异的特性。天然产物蒙脱土（MMT）价格低廉、储量丰富，是最为常用的纳米粒子之一，是以$Na_{0.7}(Al_{3.3}Mg_{0.7})Si_8O_{20}(OH)_4 \cdot nH_2O$为主要成分的层状硅酸盐，平均层厚度为0.96nm，每个单位晶胞由上下两层的硅氧四面体结构中间夹带一层铝氧八面体构成，呈三明治状结构，两者靠共用氧原子连接。Matuana曾采用MMT纳米粒子对PVC树脂进行改性，发现PVC/MMT复合材料的力学性能和热稳定性均有所提升；王克俭等也发现纳米蒙脱土的加入不但改善木塑复合材料的弯曲和蠕变性能，同时也改善了其阻燃性能；徐云龙等也证实，蒙脱土纳米颗粒改性的壳聚糖复合材料力学性能和稳定性能均明显提升。许多学者进一步的研究发现，采用有机插层剂置换改性无机蒙脱土，能更好地提升蒙脱土的表面疏水性能，进而对增强高聚物复合材料的界面相容性效果更佳。Okada在1978年首次采用插层法制备了热性能和力学性能均较佳的PA6/蒙脱土纳米复合材料；Liu等也成功采用插层法改性无机蒙脱土，改善了木粉/PLA复合材料的界面结合能力。

用于木塑复合材料表面化学接枝改性的方法在第1章的综述中已经详细地做过介绍，但本着“天然、无毒、绿色、环保”等原则，选择甲基丙烯酸缩水甘油酯（GMA）用于天然壳聚糖/木粉/PVC复合材料的接枝改性是较理想的。因为其具有亲油性的酯键结构和活性的环氧基团，且可应用于淀粉、植物纤维和蛋白质等天然材料的改性中，并有助于改善共混材料的相容性。李永峰等选用GMA通过与木材细胞壁上羟基的化学键合和单体苯乙烯的双键结合实现了高聚物与木材细胞壁的紧密结合；杨光等采用GMA接枝桉木纤维并研究其吸油特性，结果表明，接枝后桉木纤维的吸油率随接枝率的提高而增加，接触角随着纤维接枝率的提高而增大；Flores-Ramirez等报道了GMA能通过减小原子间排列的阻碍，比较容易地与壳聚糖发生反应；Elizalde-Pena等采用PMMA和GMA共同作用成功接枝在天然壳聚糖上，同时发现该接枝共聚物有较强的分子间作用力和热稳定特性；Li等创新性地采用聚丙烯酸丁酯接枝与蒙脱土插层同时改性的方法，制备生成壳聚糖接枝聚丙烯酸丁酯/有机蒙脱土杂化纳米复合材料。

本章在前述研究的基础上，采用纳米级蒙脱土（MMT）抽真空-加压浸渍、插层置换和甲基丙烯酸缩水甘油酯（GMA）表面接枝等“三步联合”改性法对前述研究中的木粉和壳聚糖固定配比和颗粒尺寸的原材料进行物理化学改性修饰，借助傅里叶变换红外光谱仪（FTIR）、X射线衍射仪（XRD）、场发射扫描电镜-X射线能谱仪（SEM-EDS）、热重分析仪（TGA）、表面接触角测量仪（CAM）等现代分析仪器进行改性后的表征，采用万能力学试验机和水分吸附行为测试对改性后的壳聚糖、杉木粉制备的PVC基复合材料进行综合力学性能和吸水稳定性评价，旨在为探究最佳的壳聚糖、杉木粉、PVC树脂界面结合特性奠定理论基础。

7.1 原材料与研究方法

7.1.1 实验材料

纳米级钠基蒙脱土（Na-MMT），平均插层间距和平均粒径大小分别为1.460nm和80μm，每100g的阳离子交换能力为100mmol，购自浙江丰虹粘土化工有限公司；

壳聚糖和杉木粉原料，与前述章节一致；

十八烷基三甲基氯化铵（STAC），分析纯，萨恩化学技术上海有限公司；

硝酸铈铵（CAN），分析纯，天津市福晨化学试剂厂；

甲基丙烯酸缩水甘油酯（GMA），分析纯，萨恩化学技术上海有限公司；

去离子水、瓶装氮气，购自广州精科化玻仪器有限公司；

丙酮，分析纯，广州化学试剂厂。

7.1.2 实验仪器

本章实验中所用到的主要仪器设备见表 7.1。

表 7.1 实验仪器设备一览表

仪器名称	型号	生产厂家
傅里叶变换红外光谱仪(FTIR)	TENSOR-27	德国 BRUKER 公司
X 射线衍射仪(XRD)	D8 ADVANCE	德国 BRUKER 公司
场发射扫描电镜(SEM)	S-3700N	日本 HITACHI 公司
X 射线能谱仪(EDS)	INCA 300	英国 OXFORD 公司
表面接触角分析仪(CAM)	OCA-40 Micro	德国 DATAPHYSICS 公司
热重分析仪(TGA)	TGA 209-F1	德国 NETZSCH 公司
万能力学试验机	CMT5504	深圳三思纵横科技股份有限公司

7.1.3 实验方法

（1）材料准备

将颗粒尺寸范围为 80～100 目的杉木粉和 100～140 目的壳聚糖放入电热鼓风干燥箱，在温度 105℃下烘至绝干，然后按照质量比将杉木粉和壳聚糖以 4∶3 的比例配好，并放入高速混合机中混合至均匀。

（2）抽真空-加压浸渍处理方法

第一步，将绝干且固定质量比为 4∶3 的杉木粉与壳聚糖加入钠基蒙托土纳米颗粒去离子水的悬浮液中（质量分数为 1%）。在－0.06MPa 下抽真空处理 1h，然后加压至 0.8MPa，并保压 2h，抽真空-加压浸渍完成后将样品取出密封待用。

（3）插层置换改性处理方法

第二步，按蒙脱土的离子交换容量加入阳离子交换容量（CEC）的 1.5 倍插层剂计算。将 3mmol 十八烷基三甲基氯化铵置换的有机溶剂（插层剂）加入上述抽真空-加压浸渍处理的混合悬浮液中，在水浴温度 80℃

的条件下进行3h的机械搅拌，使钠基蒙脱土逐渐随着反应的进行沉淀析出转变为有机蒙脱土（OMMT）。完成后进行抽滤，并用去离子水反复洗涤至无Cl^-（用Ag^+检验），将洗净的样品在75℃条件下真空干燥至恒重。

（4）表面接枝改性处理方法

第三步，取2g第二步处理好的样品加入200mL去离子水中，在40℃水浴条件下浸泡20min以除去样品中可能存在的气泡，然后加入3g硝酸铈铵引发剂，在转速150r/min条件下机械搅拌30min。之后将水浴温度升高至65℃，并通入氮气，同时加入10mL甲基丙烯酸缩水甘油酯，在转速200r/min下充分反应4h，再用去离子水进行多次洗涤，将样品放入真空干燥箱在60℃下烘至质量恒重，并用丙酮对样品进行8h索氏抽提以除去残余均聚物，最后放入真空干燥箱在45℃下烘至质量恒重。

（5）插层、接枝改性后化学基团变化表征

采用傅里叶变换红外光谱仪通过KBr压片的方法对改性前后的样品进行扫描。仪器测试参数为：样品扫描次数64，背景扫描次数64，分辨率4.000，样品增益2.0，扫描波数范围4000～400cm^{-1}。

（6）木粉插层置换改性效果表征

将改性前后的样品放入XRD中进行测试，实验条件：铜靶，入射线波长0.15418nm，Ni滤波片，管压40kV，管流40mA，扫描步长0.04°，扫描速度为每步0.2s，狭缝DS=0.1°，RS=8mm（对应LynxExe阵列探测器）。

（7）界面结合性增强的微观形貌变化表征

将改性前后的粉体粘样、喷金后，用SEM对其微观表面形貌进行观察，加速电压设置为10kV；采用EDS能谱仪在确定的可视范围内进行能谱分析，加速电压设置为20kV。

（8）木粉插层、接枝改性前后表面特性变化表征

将改性前后的混合粉末样品用压片机压实，在25℃下放在表面接触角分析仪中采用蒸馏水进行测试，测量误差为1°～2°。

（9）界面结合性增强的热稳定性表征

改性前后粉末样品的热失重实验在热重分析仪上进行。以高纯度氮气（99.99%）为载气，流量为40mL·min^{-1}。每次实验取6～10mg样品置于陶瓷干锅中，测试温度为30～800℃，程序升温速率为20℃/min。

（10）界面结合性增强的宏观力学行为表征

根据《塑料弯曲性能试验方法》（GB/T 9341—2000）、《塑料拉伸性能试验方法》（GB/T 1040—1992）中的制样和测试方法，采用万能力学试验

机将改性前后的壳聚糖/杉木粉混合制备的复合材料的力学性能（弯曲性能和拉伸性能）进行测试分析，每组5个重复，并采用Duncan新复极差法进行方差分析（95%置信区间）。

（11）界面结合性增强的吸水稳定性表征

将尺寸大小为20mm（L）×20mm（W）×5mm（H）的复合材料样品完全浸入（23±2）℃的水浴中浸泡48d，每2天用镊子将样品取出，快速用滤纸擦干材料表面的水分，然后用电子天平（0.0001g）称重并记录数据，计算水分吸附率，每组样品设置5个重复，取其平均值。

7.2 纳米粒子插层-表面接枝改性后化学基团变化

图7.1是纯纳米级蒙脱土（MMT）、蒙脱土处理和蒙脱土与甲基丙烯酸缩水甘油酯表面接枝样品改性前后红外光谱图。如图7.1所示，纯MMT的特征吸收峰主要表现为在3618cm^{-1}处的Al—O—H伸缩振动吸收峰、1637cm^{-1}处的Al—O—H弯曲振动吸收峰，在1035cm^{-1}、1089cm^{-1}处的Si—O—Si伸缩振动吸收峰以及在914～400cm^{-1}范围内的金属氧化带等（如Al、Mg及其他微量金属元素）。从图中也能够看出，未经MMT插层改性的样品粉末与改性后的样品粉末在峰值范围1089～400cm^{-1}有明显的

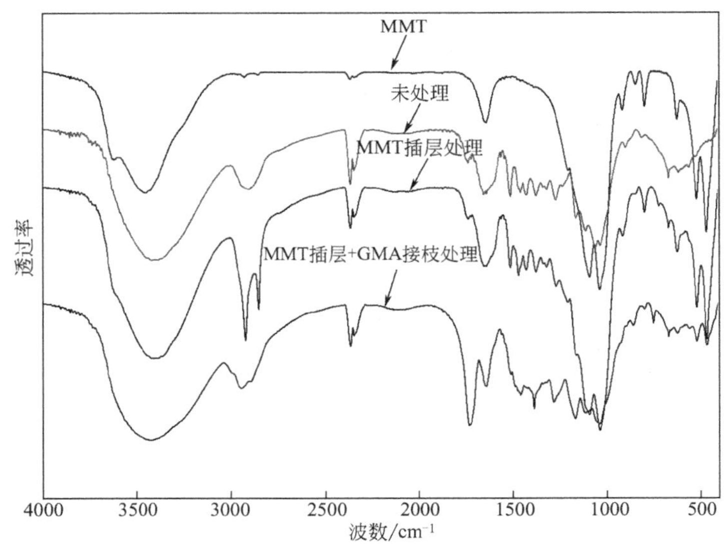

图7.1　纯MMT和样品改性前后红外光谱图

差异。另外，细致观察后也发现，在 3628cm^{-1} 处有一个较弱的肩峰，由于宽的—OH 峰的影响，使得其峰强度被一定程度地掩盖，这些前后之间的变化都说明改性后的样品粉末表面吸附有 MMT。

此外，将仅 MMT 插层改性和 MMT 插层及甲基丙烯酸缩水甘油酯（GMA）表面接枝改性的样品红外光谱相比较发现，GMA 接枝改性后的样品粉末在 1734cm^{-1} 处出现了羰基（C═O）的特征峰，在 1265cm^{-1} 处出现了环氧基的特征峰，同时在 3001cm^{-1} 处出现了环氧基上的 C—H 伸缩峰，在 1384cm^{-1} 出现甲基 CH_3 弯曲振动峰，及 1165cm^{-1} 出现酯链醚 C—O—C 伸缩振动峰。这些 GMA 中特征峰的同时显现均较好地说明了粉末样品表面被成功接枝上了 GMA。

7.3 纳米粒子插层置换改性效果

X 射线的波长和晶体内部原子面之间的间距相近，晶体可以作为 X 射线的空间衍射光栅，即一束 X 射线照射到物体上时，受到物体中原子的散射，每个原子都产生散射波，这些波互相干涉，结果就产生衍射。X 射线衍射仪能反映结晶物质的内部结构，蒙脱土是含水层状硅铝酸盐类矿物，其晶面之间有一定距离，通常称为晶面层间距，用 d 值表示。当有机长链分子十八烷基三甲基氯化铵通过插层置换进入蒙脱土层之间时，层间距增大，d 值升高。根据布拉格方程［见式(7.1)］可计算出蒙脱土片层之间的距离：

$$d=\frac{n\lambda}{2\sin\theta} \tag{7.1}$$

式中　d——硅酸盐片层之间的距离，nm；

θ——最大衍射角，°；

λ——入射 X 射线波长（0.154nm）；

n——衍射级数。

图 7.2 为粉末样品经纳米蒙脱土插层置换改性前后的 XRD 谱图。从图中可知，未改性的样品中，在 2θ 角度为 10.322°、19.985°和 22.513°分别对应壳聚糖和木粉中纤维素的结晶峰，而粉体经过 MMT 抽真空-加压浸渍及通过有机长链分子插层置换后，改性样品中的 2θ 在 3.417°处出现一个极为明显的强峰，这是 MMT 插层置换有机蒙脱土后的特征衍射峰，该峰所对应的层间距 d 为 2.584nm。这能够清楚地说明蒙脱土被十八烷基三甲基氯化铵成功

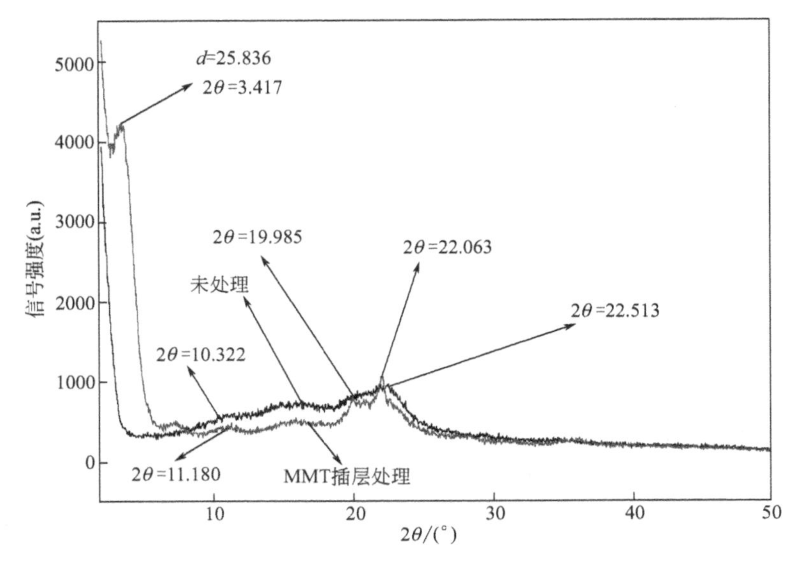

图 7.2　样品经 MMT 改性前后的 XRD 图谱

插层置换。另外，从图 7.3 粉末样品经纳米蒙脱土插层置换改性前后的 XRD 放大谱图中也能看出，壳聚糖和木粉中纤维素的结晶峰产生一定程度的偏移，未能完全重合在一起。这一方面可能是由于壳聚糖和木粉混合在一起，而 XRD 测试时取样量相对较小，导致壳聚糖木粉被取出的比例有所误差，在 XRD 测试过程中产生结晶峰误差；另一方面也可能是由于 MMT 被成功置换为 OMMT 并且通过大分子链的插层作用而影响了粉体的结晶区部分。

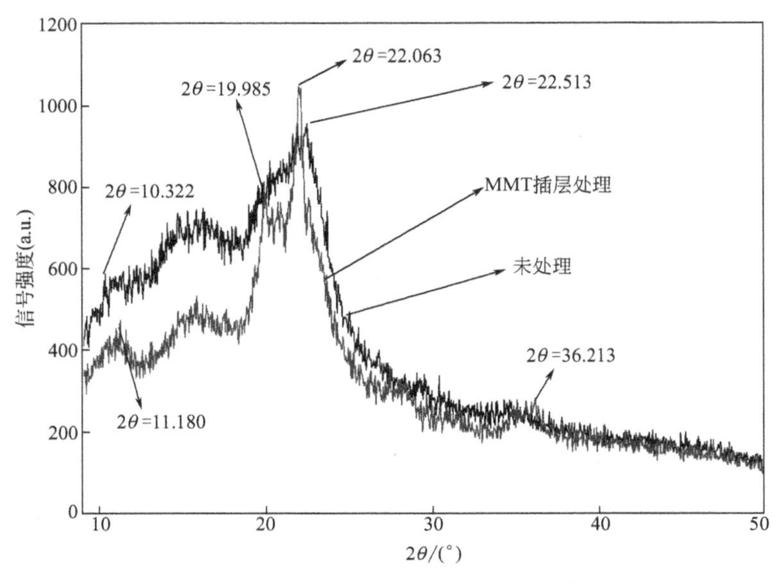

图 7.3　样品经 MMT 改性前后的 XRD 放大图谱（10°～50°）

7.4 界面结合性增强的微观形貌变化

通过场发射扫描电镜-X射线能谱仪（SEM-EDS）对粉体表面特定区域内的元素进行分析，能从直观上更好地看清楚改性前后粉末样品的微观形貌变化。图7.4、图7.5和图7.6分别是未改性样品、MMT改性样品和MMT+GMA改性样品的表面形貌，各图中（a）为样品放大500倍形貌，（b）为放大1000倍形貌。从图7.4中发现，未改性时，杉木粉中存在一些介观空隙，如具缘纹孔塞缘小孔、单纹孔纹孔膜小孔、细胞壁中空隙等。当粉体经过纳米MMT抽真空-加压浸渍并插层置换后，MMT被均匀地分散在粉体表面，粉体中木粉部分的介观空隙几乎完全被MMT充满，并且部分已经深入到空隙中（见图7.5）。配合EDS谱图进一步分析粉体表面的元素种类和相对含量，如图7.7及表7.2所示，MMT改性后的粉体表面或亚表层富集的元素有Si、Al、Mg、Ca和Fe，各元素的质量百分比分别为5.11%、1.48%、0.31%、0.27%、0.27%。从数据看出，主要元素为Si和Al，这也和MMT的化学组成完全吻合，故说明MMT较好地和粉体结合起来。除此之外，在能谱图中没有发现Na元素，而在插层置换前所使用的是钠基蒙脱土（Na-MMT），这能说明Na被有机大分子较理想地置换出来了。

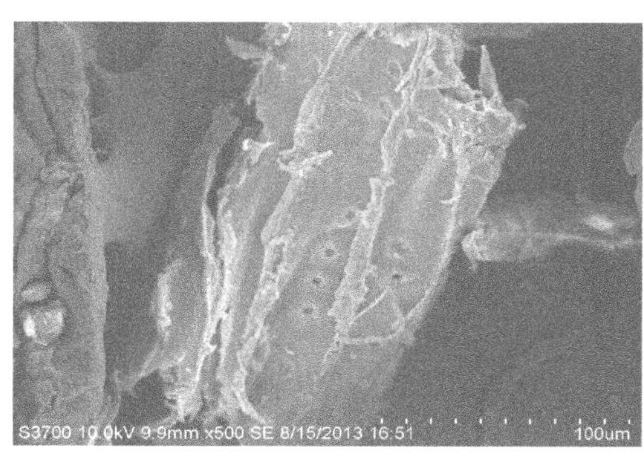

(a) 放大500倍

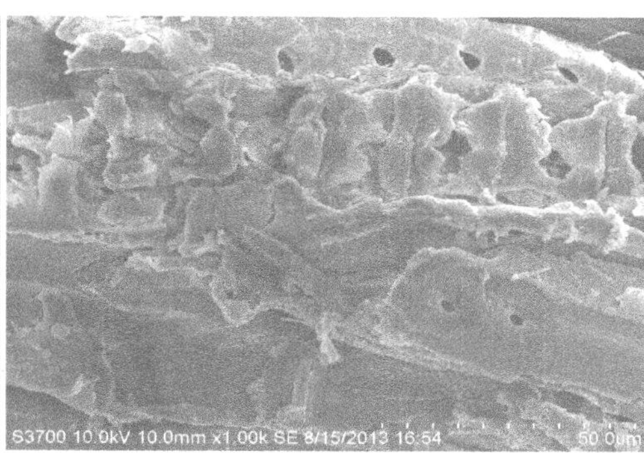

(b) 放大1000倍

图7.4 粉末样品未处理时的微观形貌图

当粉体经过MMT抽真空-加压浸渍并插层置换再进行表面接枝GMA改性处理后，其样品的微观形貌见图7.6。从图中可以看出，粉体表面的MMT含量分布有所下降，但仍然能够清晰地看出有一定量的MMT吸附在表面上，且配合图7.8和表7.3EDS测定出的MMT+GMA改性样品的

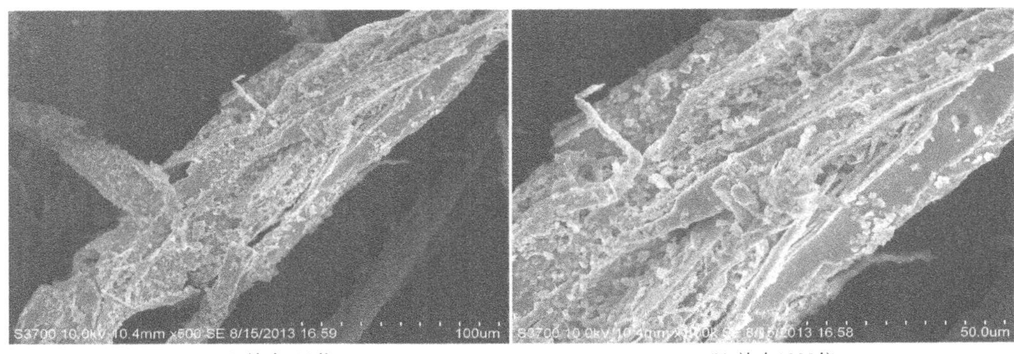

(a) 放大500倍　　(b) 放大1000倍

图 7.5　样品经 MMT 改性后的微观形貌图

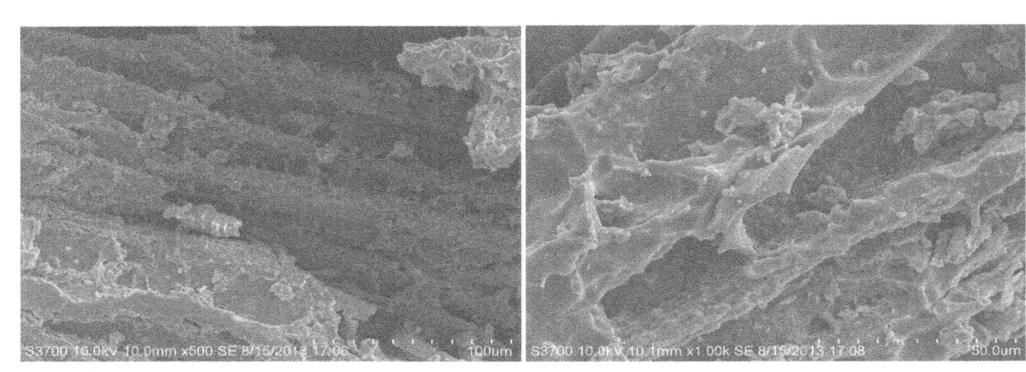

(a) 放大500倍　　(b) 放大1000倍

图 7.6　样品经 MMT＋GMA 改性后的微观形貌图

表 7.2　EDS 测定出的 MMT 改性样品的各元素相对含量

元素	原子序数	相对百分含量/%	
		质量百分数	原子百分数
O	8	65.27	61.69
C	6	27.29	34.36
Si	14	5.11	2.75
Al	13	1.48	0.83
Mg	12	0.31	0.19
Ca	20	0.27	0.10
Fe	26	0.27	0.07

各元素相对含量可知，Si、Al、Mg、Ca和Fe元素的质量百分数分别减小了3.06%、1.06%、0.23%、0.23%和0.20%。这是由于前一步的抽真空-加压浸渍及插层置换处理后的粉体表面的吸附不紧密及未插入木粉介观空隙的部分MMT脱落，同时由于接枝完成后对粉体表面的洗涤未充分导致微量Ce元素存在。另外，粉体表面经GMA接枝处理后，其表面被一层凹凸物所覆盖，这表明GMA已被接枝到粉体表面并包裹住了部分的MMT，这为后续物料的复合提供了良好的界面层。

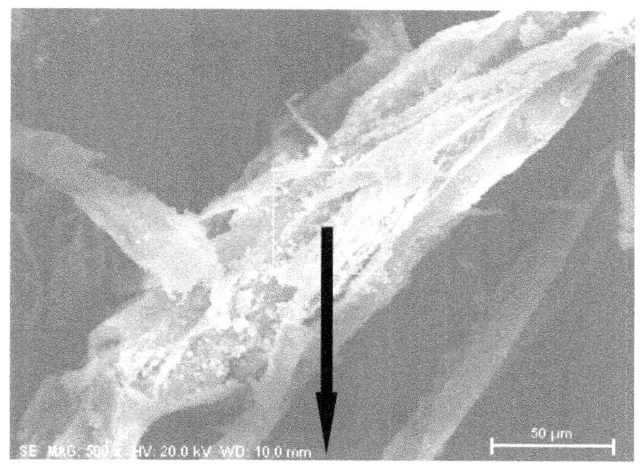

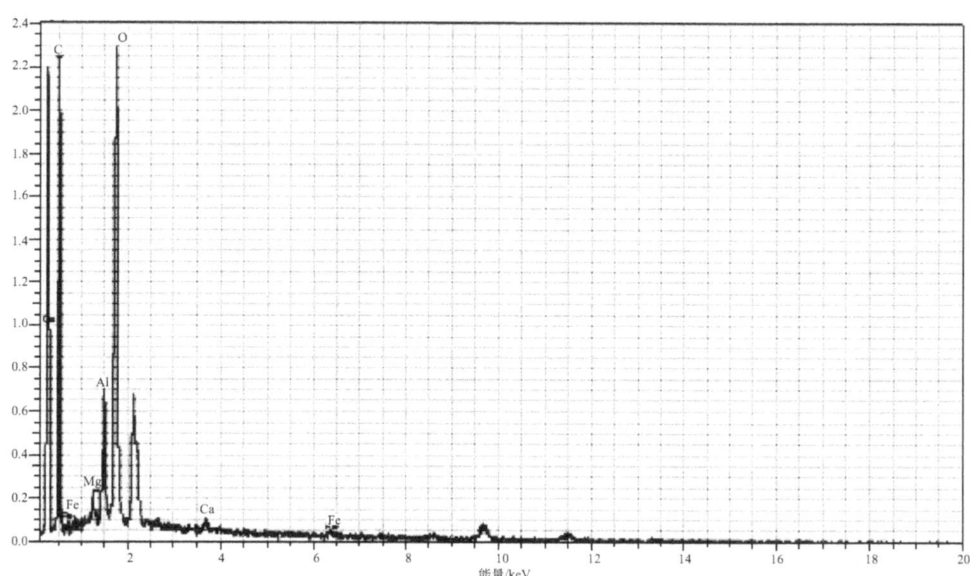

图7.7　样品经MMT改性后的EDS能谱图

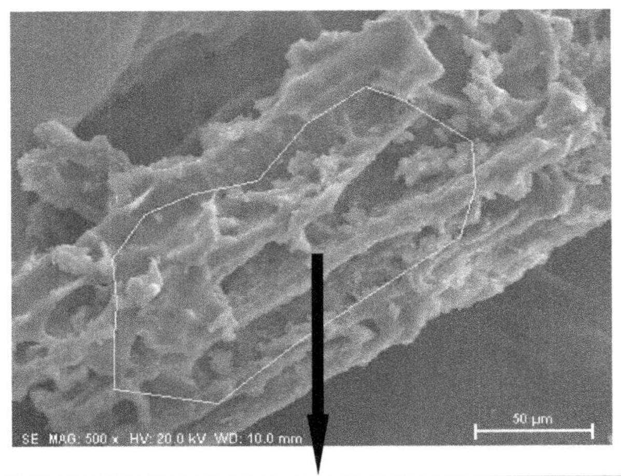

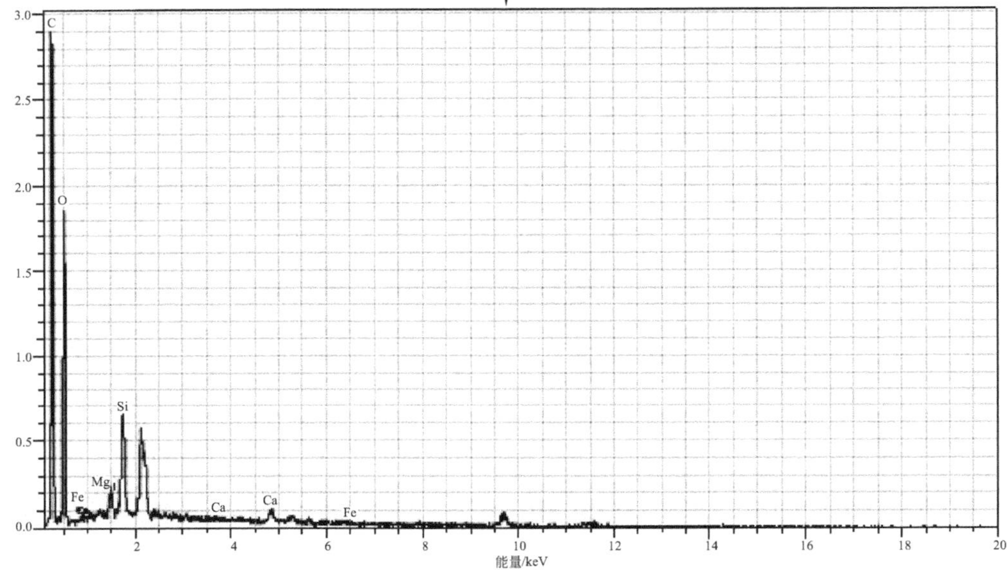

图 7.8 样品经 MMT+GMA 改性后的 EDS 能谱图

表 7.3 EDS 测定出的 MMT+GMA 改性样品的各元素相对含量

元素	原子序数	相对百分含量/%	
		质量百分数	原子百分数
O	8	62.32	57.09
C	6	34.14	41.66
Si	14	1.51	0.79
Al	13	0.42	0.23
Mg	12	0.08	0.05
Ca	20	0.04	0.01
Fe	26	0.07	0.02
Ce	58	1.42	0.15

7.5 纳米粒子插层-表面接枝改性前后表面特性变化

通过接触角的分析能够知道粉末样品改性前后亲水性的相对变化，这与复合材料界面的关系极为密切。从图 7.9 未改性、MMT 改性和 MMT+GMA 改性后的样品表面接触角对比图中能够发现，粉体改性前后的表面接触角均有较大变化，分别从 112.6℃ 增加至 129.1℃ 和 132.4℃，这说明改性后的粉体表面亲水性能下降，而疏水性能提升。同时，对比 MMT 改性和 MMT+GMA 改性后发现，两种改性方法之间虽均能改善粉体的疏水性能，但两者的接触角差异较小，仅为 3.5°。结合前述分析，可能是由于在接枝 GMA 的过程中，高速搅拌使得粉体表面附着的部分 MMT 脱落，使得材料疏水性有所下降，但同时亲油性的 GMA 被成功接枝，使得疏水性有所提升，所以整体看来接触角有所增加，但增幅不大。

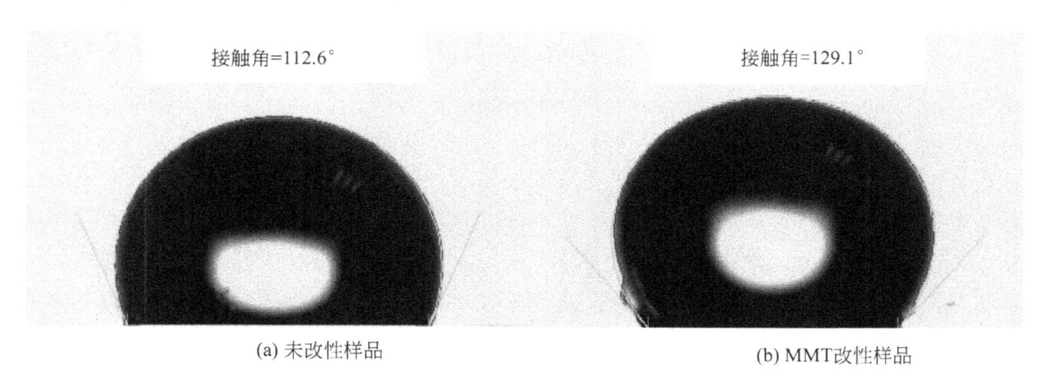

(a) 未改性样品

(b) MMT改性样品

接触角=132.4°

(c) MMT+GMA改性样品

图 7.9 未改性、MMT 改性和 MMT+GMA 改性后的样品表面接触角

7.6 界面结合性增强的热稳定性分析

图 7.10 和图 7.11 是未改性、MMT 改性和 MMT+GMA 联合改性后的样品 TG 和 DTG 曲线。从图 7.10 中可以看出，由于木粉和壳聚糖均属于易吸水物质，故在存放和改性过程中改性前后的样品表面不可避免地吸附了部分水分，导致第一热解阶段（温度为 30～150℃）各自有一个小的阶梯形下降。除了第一阶段的残留水分和部分易挥发性小分子物质脱除外，粉末样品的热失重大致经历两个阶段：第二阶段（温度范围在 150～440℃时）和第三阶段（温度大于 440℃）。而在第二阶段，TG 曲线急剧下降，说明样品降解最快，为主热解阶段，其质量损失率在 60%～70%之间，而在第三阶段中的 TG 曲线逐渐趋于平滑而缓慢降低。此外，配合着图 7.11 中 DTG 中的峰值也发现，第二降解阶段对应有两个最大热降解速率温度，这两个峰值温度分别对应粉末样品中的壳聚糖和杉木粉各自的最大降解温度。从图中也发现，当样品通过两种方式改性后，其 TG 曲线均明显向更高温度处偏移，这表明改性后粉末样品抵抗热降解的性能提升。

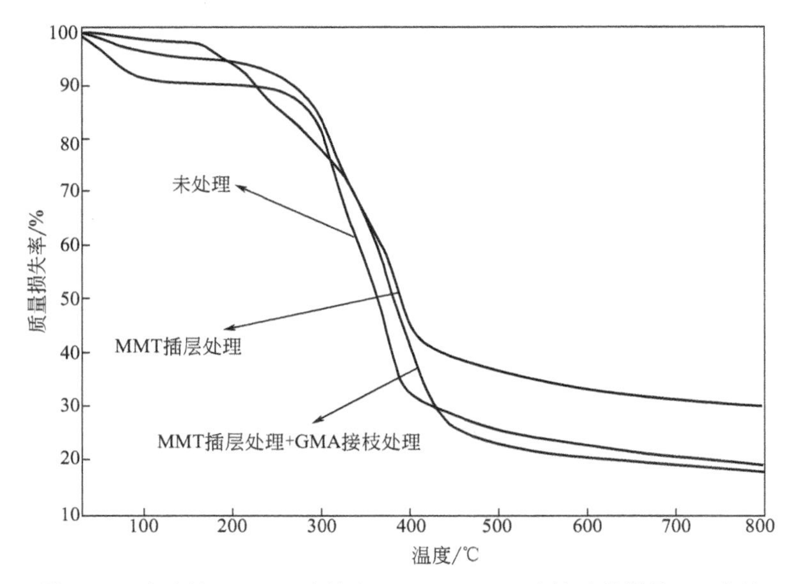

图 7.10 未改性、MMT 改性和 MMT+GMA 改性后的样品 TG 曲线

具体来说，当粉末样品经 MMT 抽真空-加压浸渍及插层置换改性后，DTG 曲线第二阶段中所对应的峰值 314.3℃和 374.9℃分别升高至 316.2℃和 379.9℃（图 7.11）。这是由于 MMT 在粉末样品表面的吸附、包裹以及

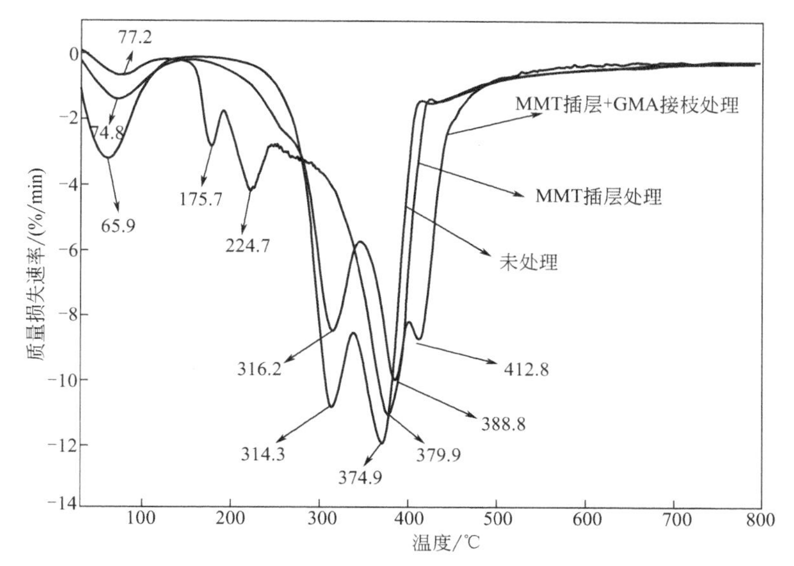

图 7.11 未改性、MMT 改性和 MMT+GMA 改性后的样品 DTG 曲线

部分插层进木粉的介观空隙中使得粉末的整体抵抗热降解性能改善。而当粉末样品经 MMT 与表面接枝 GMA 联合改性后发现，在温度为 175℃和 224℃时分别出现两个最大降解温度的小峰。这可能是由于在接枝加热过程中，GMA 自身结构中具有较高活性的双键和环氧基，引发自聚产生一些分子量较低的聚合物，这些聚合物未被完全洗净，而与 MMT 改性后的分析相似，在降解第二阶段中所对应的峰值移动至 388.8℃和 412.8℃。综上所述，粉末样品经 MMT 与表面接枝 GMA 联合改性后的热降解稳定性更佳。

7.7 界面结合性增强的宏观力学行为

将上述未改性、MMT 改性和 MMT+GMA 改性后的粉末样品根据第 3 章中描述的方法制备复合材料，并测试其弯曲强度和拉伸强度，结果如图 7.12。图 7.12 显示，不同改性方法改性前后的粉末所制备的复合材料力学性能（弯曲强度和拉伸强度）均得以提升。经过 MMT 改性后的粉末制备的复合材料弯曲强度和拉伸强度分别从未改性前的 73.28MPa 和 42.68MPa 增加至 78.89MPa 和 45.12MPa，经过 MMT+GMA 改性后的粉末制备的复合材料弯曲强度和拉伸强度则分别增加至 81.04MPa 和 47.92MPa。从图中对比也发现，通过 MMT+GMA 改性后的粉末制备的复合材料的力学性能比仅通过 MMT 改性后的优异。结合 SEM 电镜和表面接触角的分析推断，这可能是由于 GMA 接枝后，粉体表面有一部分分子链被大分子接上并缠绕，导致粉体表面极性有所改变，同时也与 MMT 覆盖及插层后产生的协同增效作用有关。

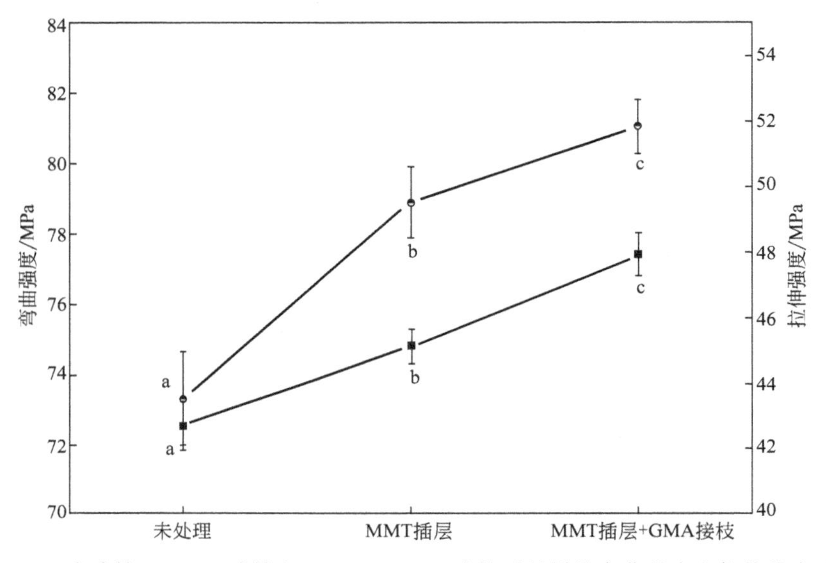

图 7.12 未改性、MMT 改性和 MMT+GMA 改性后的样品弯曲强度和拉伸强度比较

7.8 界面结合性增强的吸水稳定性

图 7.13 为改性前后的壳聚糖/杉木粉/PVC 复合材料的水分吸附情况。从图中可以看出，改性前后复合材料的水分吸附依然呈现出典型的菲克吸附行为，起初水分吸附率呈现快速的线性增加趋势，随着时间推移，逐渐趋于平衡状态。但对于未改性的壳聚糖/杉木粉制备的复合材料来说，由于大量亲水性基团的存在，使得其最大水分吸附率和渗透系数较高 (10.92%，0.762mm^2/d)；然而，从图 7.13 及表 7.4 中的具体数据也能明显看出，在 MMT 插层及 MMT 插层联合 GMA 表面接枝改性后，复合材料的最大水分吸附率显著降低，两者的最大水分吸附率 M_∞ 和渗透系数

分别为 4.66%、0.703mm^2/d 和 4.15%、0.626mm^2/d，后者明显低于前者，并且平衡开始阶段从 40d 下降至 34d。这主要是由于亲水性物质被 MMT 包裹、插层，同时表面接枝了 GMA 后，羟基数量明显下降，导致改性后样品的水分抵抗能力显著提升。

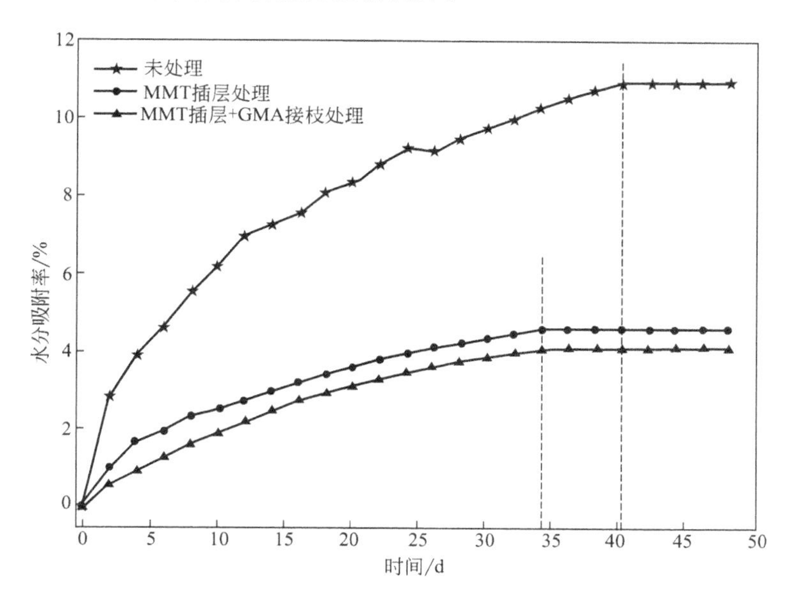

图 7.13 未处理、MMT 插层处理和 MMT 插层+GMA 接枝处理后复合材料水分吸附率

表 7.4 未处理、MMT 插层和 MMT 插层+GMA 接枝处理后复合材料的水分吸附参数

组别	M_∞/%	D/(mm^2/d)
未处理	10.92	0.762
MMT 插层	4.66	0.703
MMT 插层+GMA 接枝	4.15	0.626

参考文献

[1] 吕文华. 木材/蒙脱土纳米插层复合材料的制备 [D]. 北京：北京林业大学，2004：3-4，15.

[2] Liu R，Luo S P，Cao J Z，et al. Characterization of organo-montmorillonite (OMMT) modified wood flour and properties of its composites with poly (lactic acid) [J]. Composites Part A，2013，51：33-42.

[3] Matuana L M. Rigid PVC/(layered silicate) nanocomposites produced through a novel melt-blending approach [J]. Journal of Vinyl and Additive Technology，2009，

15 (2)：77-86.

[4] 王克俭，赵永生，朱复华.蒙脱土填充木塑复合材料的弯曲性能和蠕变特性 [J].高分子材料科学与工程，2007，23 (6)：109-112.

[5] 徐云龙，肖宏，钱秀珍.壳聚糖/蒙脱土纳米复合材料的结构与性能研究 [J].功能高分子学报，2005，18 (3)：383-386.

[6] Okada A，Kurauehi T，Kawasumietal M. Synthesis of nylon6-clay hybrid [J]. Polymer Preparation，1987，28：447-449.

[7] 李永峰，刘一星，于海鹏，等.甲基丙烯酸缩水甘油酯改善木塑复合材料性能 [J].复合材料学报，2009，26 (5)：1-7.

[8] 杨光，翟华敏.甲基丙烯酸缩水甘油酯接枝纤维的合成及其吸油特性 [J].林产化学与工业，2011，31 (5)：32-36.

[9] Flores-Ramirez N，Elizalde-Pena E A，Vasquez-Garcia S R，et al. Characterization and degradation of functionalized chitosan with glycidyl methacrylate [J]. Journal of Biomaterials Science，Polymer Edition，2005，16 (4)：473-488.

[10] Elizalde-Pena E A，Flores-Ramirez N，Luna-Barcenas G，et al. Synthesis and characterization of chitosan-*g*-glycidyl methacrylate with methyl methacrylate [J]. European Polymer Journal，2007，43 (9)：3963-3969.

[11] Deka B K，Maji T K. Study on the properties of nanocomposite based on high density polyethylene，polypropylene，polyvinyl chloride and wood [J]. Composites Part A，2011，42 (6)：686-693.

[12] Dhakal H N，Zhang Z Y，Richardson M O W. Effect of water absorption on the mechanical properties of hemp fibre reinforced unsaturated polyester composites [J]. Composites Science and Technology，2007，67 (7-8)：1674-1683.